지도로 가뿐하게 세상 읽기

지리 모르고 뉴스 볼 수 있어?

옥성일 지음

다른

지리로 똑똑하게 세상 읽기

어릴 때는 내가 사는 지역 밖에서 어떤 일이 벌어져도 나와는 상관없다고 생각하기 쉽죠. 하지만 시간이 흐르고 경험이 쌓일수록 세계 곳곳에서 일어나는 일들이 의미 있게 다가옵니다. 내가 여행한 곳, 언젠가 살아 보고 싶다고 꿈꾼 곳, 아는 사람이 사는 곳 등 관심이 넓어지기 때문이죠.

세계 뉴스도 마찬가지입니다. 관심 없이 듣다가도 내 삶과 세상이 연결되어 있다는 걸 느끼면 생각이 달라집니다. 나이가 들수록 뉴스에 자주 등장하는 주제가 있으면 돌이켜 보게 되거든요.

《지리 모르고 뉴스 볼 수 있어?》에서는 자주 접하지만 무심코 지나쳤던 세계 뉴스를 다시 들여다봅니다. 뉴스에는 다양한 뒷이야기가 담겨 있습니다. 이런 배경을 알면 세상을 더 쉽게 이해할 수 있습니다. 또한 지리를 바탕으로 역사, 문화, 정치, 경제 등 다양한 측면을 같이 살펴보면 세계 여러 지역에 대한 큰 그림이 그려집니다.

4

세계는 하나로 연결되어 있습니다. 중동에서 분쟁이 나면 국제 유가가 오르고, 우리나라 물가도 영향을 받습니다. 코로나19 대유행으로 몇 년간 마스크를 쓰며 우리 모두는 일상생활이 달라지는 경험을 했습니다. 러시아의 우크라이나 침공으로 전 세계는 식량과 에너지 문제로 힘들어하고 있죠. 기후변화로 세계 이곳저곳은 가뭄과 홍수, 폭염과 혹한 등으로 고통받고 있습니다. 인간이 파괴한 자연이 다시 인간을 위협하는 것이죠. 이 외에도 여러 나라에서 정치, 경제, 문화 등 다양한 이유로 분쟁이 끊이지 않고 있습니다.

세계는 우리를 비추어 보는 거울입니다. 여러 나라의 변화와 발전, 문제를 들여다보면서 현재 우리나라의 모습은 어떤지 생각해 볼 수 있습니다. 나아가 과거와 미래까지도 비춰 볼 수 있죠. 세계에서 일어나는 다양한 문제의 원인은 무엇인지, 그 문제들을 해결하기 위해 어떤 노력을 하고 있는지 하나씩 알아봅시다.

이 책을 통해 우리가 살아가는 세상을 바라보는 여러분의 시야가 한층 더 넓어지기를 기대합니다.

옥성일

차례

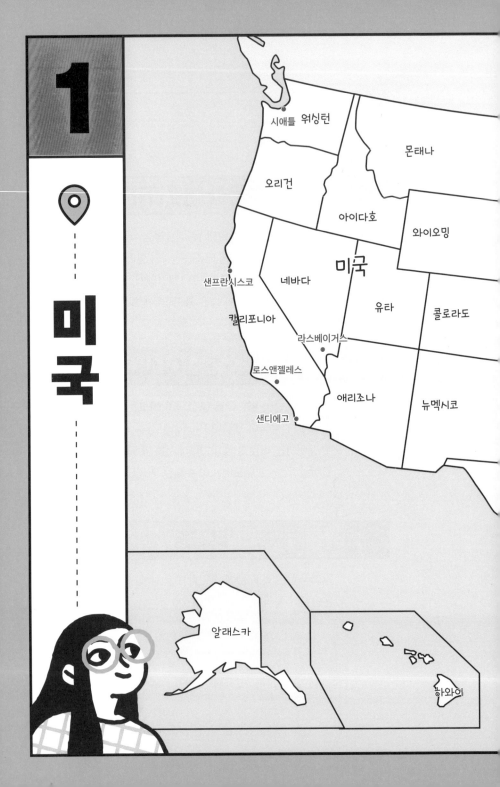

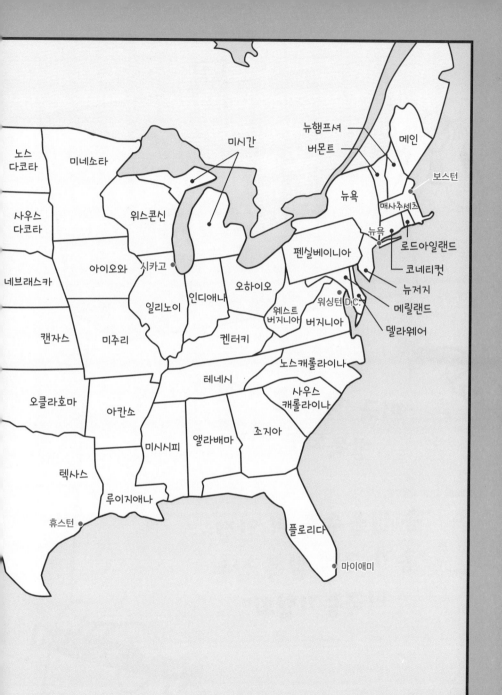

노스
다코타

미네소타

미시간

뉴햄프셔

버몬트

메인

보스턴

사우스
다코타

위스콘신

뉴욕

매사추세츠

로드아일랜드

네브래스카

아이오와

시카고

펜실베이니아

뉴욕

코네티컷

인디애나

오하이오

뉴저지

캔자스

미주리

워싱턴 D.C.

메릴랜드

일리노이

웨스트
버지니아

버지니아

델라웨어

켄터키

노스캐롤라이나

오클라호마

아칸소

테네시

사우스
캐롤라이나

텍사스

미시시피

앨라배마

조지아

루이지애나

휴스턴

플로리다

마이애미

또 총기 난사가
일어났다고?

"미국 '학교 총기 참사'
반복되는 비극"

"총 많을수록 더 안전...
총기 규제 발목 잡는
미국총기협회"

강이 미국에서 또 총기 난사 사건이 났나 봐. 미국 사람들은 총이 어디서 나는 거야?

별이 그러게. 학교에서 아이들도 희생되는 거 보니까 무섭던데.

산이 미국은 총 사는 게 어렵지 않대. 총기 소지 자격만 있으면 된대. 슈퍼마켓이나 온라인 쇼핑몰에서도 총을 살 수 있다더라고.

강이 그럼 미국도 우리나라처럼 총을 금지하면 되잖아?

별이 정치인들이 말은 많이 하던데, 잘 안 되나 봐.

산이 총기를 규제해야 한다는 여론이 많아. 총 때문에 위험할수록 총이 더 필요하다는 사람들도 있고.

별이 이에는 이, 총에는 총인 거야? 우리나라와 너무 다르네.

강이 미국의 문화적 특징이나 정치적 이유도 있으니 더 알아봐야겠다.

우리나라는 민간인이 총을 가질 수 없습니다. 허가받은 사람들만 사냥용 엽총을 지닐 수 있고, 실탄 사격은 정부의 허가를 받은 사격장에서만 할 수 있습니다. 중국도 민간인이 총기를 소지하는 것을 금지합니다. 일본은 매우 엄격한 기준과 시험을 통과해야 하고, 총기를 금고에 보관하면서 주기적으로 검사를 받습니다. 우리나라와 주변 나라들은 총기 규제가 심해 총기 사고가 드물죠.

그런데 미국에서는 총기 사고나 사건이 자주 일어납니다. 위험한 총을 없애면 될 텐데 미국은 왜 그렇게 하지 못하고 있을까요?

세계에서 총이 가장 많은 나라

미국에서 민간인이 소지한 총기는 4억 정 정도입니다. 3억이 넘는 미국 인구 보다 훨씬 많습니다. 압도적 세계 1위죠. 인구 비율로 따져도 내전 중인 예멘과 시리아보다 4~5배 더 많습니다. 총을 하나 이상 소유한 가정이 전체의 40%지만, 불법으로 가지고 있는 경우도 많아서 전체의 절반을 넘을 것으로 보입니다.

미국은 총기 사고로 1년에 4만 명이 사망합니다. 교통사고 사망자보다 많죠. 대규모 총기 사고도 끊이지 않습니다. 총을 너무 쉽게 살 수 있어 문제입니다. 미국 대부분 지역에서 권총은 21세, 소총은 18세부터 연방 정부의 허가를 받은 사업자에게 구매할 수 있습니다. 또 개인끼리 거래하는 것은 막기가 힘듭니다.

정신적으로 불안정한 사람이나 인종차별자가 총기를 난사하는 사건이 벌어지면 총을 구매할 때 신원 조회를 강화하는 법안이 추진되기도 합니다. 하지만 총기 금지가 아닌 신원 조회를 하는 법도 개인의 자유를 억압한다면서 간신히 통과될 정도입니다.

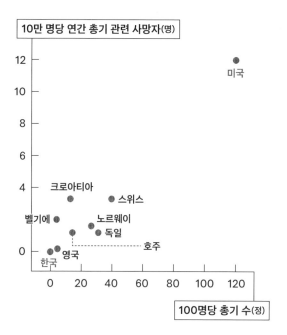

10만 명당 연간 총기 관련 사망자(명)

크로아티아
스위스
벨기에
노르웨이
독일
호주
한국 영국
미국

100명당 총기 수(정)

주요 나라들의 총기 보급 규모와 총기 관련 사망자

(자료 출처: 시드니대학 총기정책연구소)

미국은 왜 이렇게 총기 소지에 너그러운 걸까요?

총이 자유를 상징한다고?

미국은 1783년 독립하기 전까지 영국의 식민지였습니다. 건국
초기 미국은 치안이 좋지 않아서 안전하려면 총이 꼭 필요했습니

다. 식민지 정부는 영국의 전통에 따라 민간인이 총을 가지도록 지원했죠. 사냥이나 자기 보호를 위해 총을 소지하는 사람이 늘어났습니다. 경찰이 부족해 민간인들은 자신의 집과 마을을 지키기 위해 민간인 부대인 민병대를 조직하기도 했습니다.

당시 영국 정부는 프랑스 등 다른 나라와 전쟁을 벌이는 데 자금이 필요하다 보니, 식민지인 미국에 지나치게 많은 세금을 부과했습니다. 당연히 영국에 저항하는 시위도 거세졌습니다. 위기를 느낀 영국은 민병대의 총을 몰수하려고 했죠. 이 과정에서 1775년 민병대와 영국군이 충돌한 렉싱턴전투가 시작되었고 이 사건은 미국의 독립전쟁(1775~1781년)으로 번집니다. 미국 독립군은 민병대가 모여 만들어진 군대입니다. 총이 있었기에 독립을 이룬 것이죠.

서부 개척 시대에도 총이 중요했습니다. 지금도 미국 남부의 텍사스에는 서부 시대의 흔적이 많이 남아 있습니다. 텍사스는 면허 없이도 권총을 차고 돌아다닐 수 있는 곳으로 유명합니다. 서부 영화에는 강도와 총잡이가 많이 등장합니다. 법은 멀고 총을 든 무법자들이 가득했기 때문이죠. 미국인에게 총은 개인의 자유와 가족 보호의 상징으로 여겨집니다.

결국 1791년 제정된 수정헌법 2조에는 "잘 규율된 민병대는 자유로운 주^{state}를 지키는 데 필수적이므로 국민은 무기를 소지하고 휴대할 권리를 침해받아서 안 된다"라는 조항이 들어갔습니다. 총기 소지를 찬성하는 사람들은 이 헌법을 근거로 내세웁니다. 반대 측에서는 몇백 년 전과 지금은 상황이 다르므로 규제해야 마땅하다고 주장합니다.

총기 규제가 안 되는 진짜 이유

과거 미국에서는 노예제를 지지하는 남쪽 지역의 주들이 연합해 분리된 나라를 만들려고 했습니다. 그 때문에 남군과 북군은 전쟁을 벌였죠. 1861년부터 1865년까지 벌어진 이 전쟁을 '남북전쟁'이라고 합니다. 북군이 남군을 이기면서 미국은 다시 한 나라로 통일되었습니다. 그 결과 오늘날 미국인에게 총은 분쟁을 해결하는 최후의 수단으로 인식됩니다.

전쟁이 끝난 뒤 북군은 각자 총을 들고 집으로 돌아갔습니다. 많은 민간인이 총을 갖게 된 거죠. 1871년, 남북전쟁에 참전한 두 사람이 안전한 총기 사용법을 가르치고 총과 함께 여가를 즐기도록 돕기 위해 전미총기협회(NRA)를 설립했습니다.

순수한 목적으로 시작된 전미총기협회는 1960년대까지 총기 규제를 찬성했습니다. 하지만 범죄율이 점점 높아지고 총기규제법이 통과되면서 자기 보호를 위해 총이 필요하다는 여론이 높아졌습니다. 전미총기협회는 1970년대 말부터 총기 소지의 자유를 주장하면서 총기 사용을 규제하는 법안을 없애는 작업을 해나갑니다. 그 결과 총기 규제는 점차 사라졌습니다.

전미총기협회는 총을 가진 개인과 총기 업체의 권익을 지키는 단체로 변했습니다. 이들은 총기 사고는 절반 이상이 자살이고, 총기 난사 사건은 전체의 1%일 뿐이라고 강조합니다. 총이 많은 지역에서 총기 사고가 더 많이 일어나는 것은 아니며, 정상적으로 총을 소지한 사람은 문제가 없다고 주장하는 것이죠.

전미총기협회는 매년 수천억 원의 돈을 들여 광고로 총기 소지의 필요성을 널리 알립니다. 또 총기 권리에 대한 입장에 따라 정치인들을 A~F 등급으로 나눕니다. 자신들에게 호의적인 정치인을 후원하고, 호의적이지 않은 정치인을 관리하기 위해서죠. 이렇듯 전미총기협회가 있는 한 미국 의회가 강력한 총기 규제 법안을 통과시키기는 어렵습니다.

시골일수록 총이 필요해

미국에서도 캘리포니아나 뉴욕처럼 일반인이 총기를 휴대하는 것이 금지된 주가 있습니다. 대체로 인구가 밀집된 대도시는 위험한 지역만 돌아다니지 않으면 안전한 편입니다. 그럼 대도시가 아닌 지역은 어떨까요?

미국은 땅덩이가 넓고 인구밀도가 낮습니다. 특히 농촌으로 갈수록 이웃이 멀리 떨어져 있습니다. 농촌의 아이들은 부모로부터 총을 안전하게 사용하는 방법을 배우고 총사냥도 하면서 자랍니다. 미국의 시골 지역에서는 종종 총기 축제도 열리는데, 우리나라 지역 축제처럼 가족들이 함께 참여하는 행사입니다. 그래서 시골에서는 총을 생활의 일부이자 문화로 받아들입니다.

미국은 우리나라와 달리 대부분 단독주택에 삽니다. 집들이 띄엄띄엄 있는 외진 곳은 야생동물의 습격을 받을 수도 있습니다. 주변에 경찰서나 이웃집이 없으니 권총이나 사냥용 엽총을 갖고 있습니다. 텍사스의 초원처럼 경찰서가 100km 이상 떨어져 있는 곳에서 갑자기 집에 강도가 침입하면 직접 맞설 수밖에 없습니다. 그렇기에 시골은 나와 가족의 안전을 위해서 총을 소지해야 한다는 생각이 도시보다 강합니다.

지역 갈등을 이용하는 정치인들

미국에는 도시와 농촌 지역의 갈등을 이용하는 정치인들이 많습니다. 우리나라 국회와 달리 미국 의회는 상원과 하원으로 이루어져 있습니다. 하원 의회에는 시골 지역의 선거구가 도시 지역보다 많습니다. 또 상원의원도 주마다 두 명씩 선출하기 때문에 총기 소지를 찬성하는 농촌 지역이 더 중요합니다.

정치인들은 농촌 주민들의 불만을 건드렸습니다. 특히 총기 소지가 헌법의 권리이며 미국의 문화라고 주장하면서 그들의 지지를 끌어모았습니다. 총기 소지를 반대하는 도시인들은 시골 사람들이 보수적이어서 총기 소지를 찬성한다고 말합니다. 그들이 미국의 발전을 가로막는다고 여기는 거죠. 반면 시골 사람들은 대도시에 사는 연방 정치인들이 대도시에만 유리한 정책을 만들어서 시골을 못 살게 만든다고 생각합니다.

농촌 지역이 불만을 느끼게 된 것은 산업구조가 변했기 때문입니다. 미국은 20세기 초부터 세계적인 공업 국가로 성장했습니다. 그 당시 공업 도시뿐만 아니라 시골 곳곳에도 여러 공장이 있었죠. 대학에 진학하지 않아도 공장에서 일하면서 중산층으로 살 수 있었습니다. 그러나 1980년대에서 2000년대까지 아시아의 여러 나라가 성장하면서 미국의 제조업은 쇠퇴합니다. 공장들이 문을 닫거나 임금이 싼 외국으로 옮겨 갔기 때문이죠. 공업 도시는 기울었고 시골은 더 가난해졌습니다.

1990년대부터 미국은 서비스업과 첨단산업을 중심으로 산업을 발전시켰습니다. 금융업 같은 서비스업이 대도시에 집중되면서 대도시의 일자리가 급증했습니다. 캘리포니아 실리콘밸리에 자리 잡은 IT 기업도 명문대를 나온 엘리트만 취업할 수 있습니다. 반면 농촌은 일자리가 점점 사라지고 실업자가 늘어났습니다. 농촌 사람들은 연방 정부가 세금을 거둬서 대도시만 살찌운다고 생각하게 되었죠. 극단적인 사람들은 반자동 소총 같은 군사용 무기를 모으기도 합니다. 총으로 무장해야 국가가 마음대로 자신들의 자유와 재산을 빼앗지 못하게 막을 수 있다고 주장하면서요.

사고가 날 때마다 총은 더 팔려

미국에서는 학교, 공연장, 길거리에서도 총기 난사가 일어납니다. 어린 학생들까지 희생되었다는 비극적인 뉴스가 보도되고는 하죠. 대규모 총기 사건이 발생할 때마다 총기를 규제해야 한다는 의견과 총기 소지의 자유를 보장해야 한다는 의견이 팽팽하게 대립합니다. 하지만 폭력 사건, 폭동이 일어날 때마다 사람들은 오히려 총을 사기 위해 길게 줄을 섭니다. 총이 없으면 당하고 있을 수밖에 없다는 두려움 때문입니다. 심지어 전미총기협회는 학교에서 교사나 교직원이 무장해야 한다고 주장하기도 하죠.

역사적으로 많은 미국인의 마음속에는 정부에 대한 불신이 있어 왔습니다. 그렇기에 무법천지가 되면 정부가 아니라 총이 가족과 재산을 지켜 주리라고 생각합니다. 정부의 합리적인 정책도 개인의 자유를 통제하는 것으로 받아들이기도 합니다.

흑인과 히스패닉(스페인어를 쓰는 중남미계 이주민)보다 인구 규모가 작은 아시아계 이주민들은 여러 차례 일어난 폭동으로 큰 피해를 보았습니다. 폭도들이 상점을 불태우고 약탈했을 때도 경찰은 멀리 있었습니다. 직접 총을 들고 지키지 않으면 모든 것을 잃는 경험을 한 것이죠.

미국 사회가 안정되고 빈부격차가 줄어든다면 총으로 자신을 지키려는 사람들을 설득하기가 쉬워질 겁니다. 하지만 현실은 그렇지 못합니다. 앞으로도 총기 문제는 마약, 인종차별과 함께 미국의 3대 골칫거리로 오랫동안 남을 가능성이 큽니다.

✸ 토론해 볼까요? ✸

· 총기 사고나 사건을 막기 위해 어떤 일을 해야 할까요?

토네이도가 자주 지나가는 길이 있어

"강력한 토네이도, 미국 중부 강타하며 대규모 정전 사태"

"미국 8개 주 덮친 50개 토네이도 켄터키주에서만 최소 80명 사망

강이 　미국에서 엄청난 토네이도가 불어서 건물이 부서지고 사람들이 많이 다치고 죽었대!

별이 　나도 뉴스에서 봤어. 토네이도가 태풍처럼 센 바람이지?

강이 　태풍이랑 토네이도는 다르지. 덩치부터 차이 나잖아.

산이 　둘 다 회오리치는 건 비슷한데, 태풍은 우주정거장에서도 보일 만큼 토네이도보다 훨씬 커.

별이 　아~ 그럼 덩치 큰 태풍이 훨씬 세겠다!

산이 　꼭 그렇지는 않아. 토네이도는 시속이 더 빠를걸.

별이 　그럼 토네이도가 더 파괴적일 때도 있겠네. 하긴 저번에 과학관에서 초속 30m 풍속을 체험했는데, 서 있기도 힘들었어.

산이 　《오즈의 마법사》를 보면 도로시가 잠자다가 토네이도에 휩쓸려서 마법의 나라 '오즈'로 날아가잖아. 도로시의 집이 토네이도가 자주 부는 미국 중남부에 있는 켄터키야.

강이 　토네이도에 진짜로 집이 통째로 날아가? 미국에는 왜 그런 바람이 자꾸 부는 걸까?

토네이도tornado는 우리말로 '회오리바람'이라고 합니다. 엄밀히 말하면 단순한 회오리바람과는 다릅니다. 강력한 저기압성 소용돌이가 거대한 구름의 밑 부분에서 지상까지 이어진 깔때기 모양의 돌풍이죠. '트위스터^{twister}'라고도 하는 토네이도는 검은 폭풍 구름(적란운)에서 생겨나며 토네이도가 발생한 지역의 주변에는 야구공만 한 우박이 떨어지기도 합니다. 미국은 해마다 반복되는 대형 토네이도로 많은 피해를 보고 있습니다.

토네이도는 전 세계 곳곳에서 나타나지만 주로 미국에서 많이 생깁니다. 미국에서는 토네이도가 바다에서 발생하면 '워터스파 웃$^{water-spout}$', 육지에서 나타나면 '토네이도' 혹은 '랜드스파웃$^{land-spout}$'이라고 합니다. 강력한 토네이도는 엄청난 소리를 내며, 시속 48~68km에서 빠르면 100km로 이동합니다.

토네이도는 왜 생길까?

토네이도는 우리나라처럼 중위도에 자리한 육지에서 잘 생깁니다. 중위도는 열대 기후인 적도와 극지방 사이에 위치해서, 극지방의 차가운 기단(공기 덩어리)과 적도 지역의 따뜻한 기단이 만나는 곳이죠. 이처럼 성격이 다른 두 기단이 만나면 차가운 공기는 아래로, 뜨거운 공기는 위로 올라가면서 경계면에 비구름이 두껍게 생겨납니다. 이때 대기가 불안정해지면서 강풍이 불고 우박이 내리기도 하죠. 토네이도는 따뜻하고 습한 공기가 차갑고 건조한

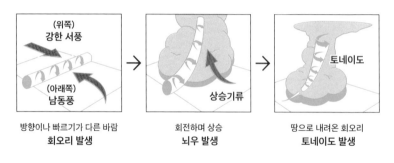

(위쪽) 강한 서풍	상승기류	토네이도
(아래쪽) 남동풍		

방향이나 빠르기가 다른 바람
회오리 발생

회전하며 상승
뇌우 발생

땅으로 내려온 회오리
토네이도 발생

토네이도가 발생하는 과정

공기와 충돌하면서 생긴 거대한 먹구름에서 형성됩니다.

낮은 곳과 높은 곳의 바람이 다른 방향으로 불거나, 속도가 다르게 불면 공기가 회전합니다. 태양열로 지표면이 뜨거워지는 오후에는 회전하던 공기가 상승하죠. 이때 거대한 먹구름이 만들어지고 천둥 번개가 치면서 비가 내리는 뇌우로 발전합니다. 이 뇌우 내부에서는 따뜻하고 습한 공기가 상승하면서 회전하고, 차가운 공기는 비나 우박과 함께 내려오면서 회전합니다. 거대한 뇌우가 회전하면서, 구름 아랫부분이 길게 내려와 땅에 닿으면 토네이도가 됩니다.

토네이도를 쫓는 자들

토네이도는 순식간에 발생하기 때문에 빨리 대피하려면 징후를 알아야 합니다. 토네이도가 불기 전 하늘은 녹색으로 물듭니다. 구름은 얼음이 많이 섞이면 녹색을 띠기 때문이죠. 떨어지는 우박이 클수록 폭풍과 관련된 토네이도가 생길 가능성도 큽니다. 특히 구름에서 회전이 보이고 깔때기처럼 생긴 벽구름이 나타나면 토네이도가 올 확률이 50%이니 조심해야 합니다. 제트기가 지나는 것처럼 울부짖는 소리도 징후입니다. 아직 토네이도가 형성되는 과정을 다 밝혀내지는 못했답니다.

　이런 토네이도를 쫓는 사냥꾼이 있다는 사실을 아나요? 토네이도를 따라다니며 연구하거나 취미로 찾아다니는 관측가들을 '토네이도 헌터Tornado hunter' 또는 '스톰 체이서Storm chaser'라고 부릅니다. 이들은 '도플러 레이더'를 많이 사용합니다. 도플러 레이더란 레이저를 발사한 뒤 반사되는 구름 속의 수증기와 얼음, 우박 입자 등을 분석해서 대기와 폭풍을 연구하는 장비입니다. 특히 회전하는 상승기류(메조사이클론)가 보이면 토네이도가 발생할 확률이 매우 높죠. 미국에는 아마추어 토네이도 관측가들만 500명 이상이 있고, 사진과 영상을 찍어 방송국에 팔거나 관광객을 모아 수익을 올리는 사람들도 있습니다.

토네이도를 추적하는 과학자와 기상학자도 1,000명 이상이라고 합니다. 배트맨 자동차처럼 생긴 특수 차량으로 토네이도를 따라가면서 모든 과정을 촬영하고 연구하기도 합니다. 토네이도는 예측하기가 매우 어렵습니다. 토네이도가 방향을 바꿔 추적하는 차 쪽으로 올 수도 있으니 위험한 순간도 많습니다. 실제로 토네이도를 쫓다가 목숨을 잃는 사람도 있습니다.

'토네이도 골목'이 뭐야?

중위도인 나라들 중에서도 왜 미국에서 토네이도가 더 자주 생길까요? 토네이도는 세계 곳곳에서 발생하지만, 미국은 '토네이도 골목'이라 불리는 지역이 있을 정도로 토네이도가 자주 발생합니다. 미국 남부와 동부 지역에서 토네이도가 많이 일어나죠. 미국에서만 매년 1,000개 이상의 토네이도가 나타나고 그때마다 엄청난 사상자가 나옵니다. 무시무시하죠. 그래서 미국에는 토네이도를 주제로 한 영화나 다큐멘터리가 많습니다.

미국에서도 토네이도가 자주 발생하는 지역은 다른 중위도 지역보다 대기가 불안정합니다. 지형의 영향도 있습니다. 미국의 서쪽은 거대한 로키산맥이 가로막고 있으며, 중앙은 미국 땅의 3

미국 본토에서 토네이도가 자주 발생하는 지역

분의 1을 차지하는 대평원이 남북으로 뻥 뚫려 있습니다. 그 공간을 따라 남쪽과 북쪽의 기단은 쉽게 이동합니다. 태평양의 공기가 로키산맥을 넘어오며 뜨겁고 건조한 바람이 되고, 북쪽에서 불어온 차갑고 건조한 공기와 남쪽에서 불어온 뜨겁고 습한 공기가 대평원 지역에서 마주치게 되는 것이죠. 그래서 거대한 폭풍우 구름이 더 잘 발달하고 토네이도도 자주 일어납니다.

기후변화는 토네이도를 좋아해

토네이도는 1년 내내 발생하지만, 미국에서는 날씨가 갑자기 따뜻해지는 봄과 초여름에 주로 일어납니다. 대기가 불안정해지는 때이기 때문이죠. 4월에서 6월 사이가 정점입니다. 물론 지역마다 발생 시기는 다릅니다. 중부 및 북부 유럽은 여름, 서부 및 중부 지중해 지역은 가을, 동부 지중해 지역은 겨울에 잘 생겨납니다.

그런데 2021년 12월에는 미국에서 50개 이상의 차고 건조한 초대형 토네이도가 생겼습니다. 이동 거리도 역사상 가장 길어 피해가 컸습니다. 아칸소에서 시작해 미주리, 테네시, 켄터키 등 약 400km를 이동했죠. 겨울인데도 미국 남부 지역에 초여름 날씨가 이어져 중서부 지역의 한랭전선과 남부 지역의 고온다습한 기단이 충돌하면서 토네이도가 생겼다고 합니다.

미국이 최악의 토네이도 지역이지만, 남극 대륙을 제외한 세계 모든 대륙에서 토네이도가 일어납니다. 일본, 중국, 한국도 가끔 강한 토네이도가 나타나 피해를 보기도 하죠. 기후변화와 함께 동아시아의 대기도 더욱 불안정해지고 있습니다. 집중호우, 우박, 강풍 등의 격렬한 기상 현상은 멀리 있지 않습니다. 지구온난화가 심해질수록 세계 곳곳에서 이전과 다른 양상의 기상 재해가 더 자주 발생할 것입니다.

더 튼튼한 집을 지으면 안 돼?

텍사스에는 평균적으로 매년 140개의 토네이도가 생깁니다. 캔자스, 플로리다, 오클라호마, 네브래스카가 그 뒤를 잇죠. 상식적으로 토네이도가 매년 발생하는 지역에는 집을 요새처럼 튼튼하게 짓는 게 당연합니다. 그런데 왜 이 지역들에는 나무로 지은 집이 많을까요?

강력한 토네이도는 전체의 30% 미만입니다. 어차피 강력한 토네이도가 밀려오면 나무도 뽑히고 벽돌이나 콘크리트 건물도 파괴됩니다. 그렇다고 모든 집을 벙커처럼 지을 수도 없습니다. 비용이 많이 드니까요. 목조 주택은 싸고 빠르게 지을 수 있고 웬만한 폭풍우에도 잘 견딥니다. 부서지면 재건축도 쉽죠. 그러니 벙커 대신 대피할 지하실을 만드는 것입니다.

인구밀도가 높아지고 도시가 커지면서 미국 남부 지역은 주택이 부족해졌습니다. 그러면서 이동식 주택(트레일러)이나 조립식 주택에 거주하는 사람들이 늘어났는데, 이런 집들은 강풍에 취약합니다. 토네이도로 인한 사망자도 많이 나오죠.

재난 앞에서 보이는 가치

2021년 겨울, 미국 남서부와 남동부에서 일어난 토네이도는 전에 볼 수 없던 자연재해였습니다. 인재도 있었죠. 미국 중동부 켄터키에 있는 양초 공장에서 노동자 여덟 명이 사망했습니다. 토네이도가 닥치기 세 시간 전 경고가 있었지만, 당시 크리스마스를 앞두고 주문량이 많았기에 회사는 작업을 강행했다고 합니다.

미국 중서부 일리노이에 있는 아마존(미국 최대 쇼핑몰) 물류창고에서는 직원 여섯 명이 사망했습니다. 아마존은 효율성을 높인다며 직원들이 작업장에 휴대전화를 가지고 들어가지 못하게 했습니다. 30분 전 토네이도 경보가 스마트폰에 울렸지만, 직원들은 알 수 없었죠. 게다가 회사는 안내도 하지 않아서 대피하지 못했던 겁니다. 과연 우리가 추구하는 가치는 무엇일까요? 재난 앞에서 경제적 이익과 생명의 가치를 생각해 보게 됩니다.

☀ 토론해 볼까요? ☀

· 과학이 더 발전하면 토네이도 같은 자연재해를 막을 수 있을까요?

· 자연재해로 인한 피해를 줄이려면 어떤 대비가 필요할까요?

미국에서 흑인 시위가 잦은 이유

"음주 단속 중 흑인 운전자
백인 경찰 총에 맞아 숨져"

"경찰에 목 눌려 질식한
흑인 사망 사건
분노 시위 확산"

강이 미국에서는 흑인들의 시위가 자주 일어나는데, 왜 그런 걸까?

별이 흑인들이 억울하다고 생각하는 게 많아서가 아닐까? 얼마 전에도 경찰이 흑인 시민을 과잉 진압해서 사망하는 사건도 있었잖아.

강이 그러게. 미국은 흑인 차별이 아직도 심한가 봐.

산이 옛날에 흑인이 미국에 강제로 끌려와서 노예로 살았잖아. 아직도 차별이 남아 있어서 그런 게 아닐까?

강이 피부색이 다르다고 차별받으면 서럽긴 하겠다.

산이 요즘에는 아시아인을 차별해서 문제더라. 미국 같은 선진국에서 인종차별에 항의하는 시위가 자주 일어나는 이유가 뭔지 알아봐야겠어.

미국의 국토 면적은 우리나라의 98배나 될 정도로 거대합니다. 넓은 만큼 기후와 지형도 다양하죠. 남부 해안 지역은 겨울이 없는 아열대 기후고, 캐나다 국경과 가까운 북부 지역은 겨울 기온이 영하 40도 아래로 떨어질 정도로 추위가 심합니다.

남부는 농업에 적합해서 일찍부터 대규모 농장이 발달했습니다. 중부에는 북쪽에서 남쪽으로 흐르는 미시시피강이 있어 강 주변 지역에서 생산된 농산물을 외국에 수출하기 유리합니다. 미국 하면 첨단산업이나 뉴욕 같은 거대 도시를 떠올리는 사람이 많겠지만, 미국은 여전히 세계 최고의 농업 국가입니다. 우리가 먹는 옥수수, 밀, 콩, 소고기 등 많은 농산물이 미국산이죠.

남부에는 왜 흑인이 많을까?

19세기 초까지도 미국은 농업 국가였습니다. 농산물을 생산해서 주로 유럽에 수출했죠. 특히 남부 지역은 기후가 좋아서 대규모 농장에서 면화(목화)를 재배해 수출했습니다. 흑인들은 1620년 이후 아프리카에서 노예무역을 통해 아메리카 대륙에 왔습니다. 그때부터 흑인들은 가혹한 노동에 시달리며 오랜 세월 비참한 삶을 살아야 했습니다. 남부와 달리 지리적 조건이 좋지 않았던 북부는 농업보다 상공업이 발달했습니다. 노예보다는 공장과 상점에서 일할 노동자가 필요했죠.

　19세기 중반부터 미국은 서부로 영토를 넓히면서 노예제를 인정하는 남부와 반대하는 북부가 대립하게 됩니다. 이때 노예제 폐지를 주장하며 등장한 공화당 후보 에이브러햄 링컨이 1860년 미국 대통령으로 당선됩니다. 당시 북부연방의 인구는 2,200만 명 정도였고, 남부연합에는 900만 명이 살았습니다. 그중에 노

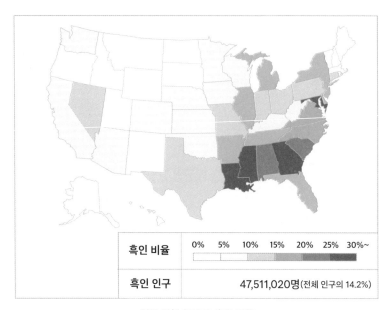

흑인 비율	0%	5%	10%	15%	20%	25%	30%~
흑인 인구	47,511,020명(전체 인구의 14.2%)						

미국 전체 인구 중 흑인 비율

(자료 출처: 2020년 미국 인구 조사)

예만 350만 명이었죠. 북부연방은 전쟁의 시작부터 해군을 동원해 남부 해안을 봉쇄했습니다. 그 때문에 남부연합은 면화를 수출하지 못했고 수입도 모두 막히면서 점점 힘을 잃었습니다. 북군이 우세할 무렵 링컨 대통령은 남부연합의 노예를 즉시 해방한다는 내용의 노예해방선언을 발표합니다.

1861년 시작된 전쟁이 길어지자 북군은 남부의 도시를 불태우는 초토화 작전으로 남군의 힘을 꺾었습니다. 1865년 남부연합의 수도가 함락되면서 전쟁은 끝이 납니다. 당시 남군의 로버트

에드워드 리 장군은 남군 병사들이 고향에 돌아가는 것을 조건으로 항복합니다. 링컨 대통령은 화해와 재건을 강조했고 남부연합을 보복하지 않았습니다. 그러나 예전부터 불만을 품어 왔던 남부 출신 암살자에 의해 링컨은 사망하게 됩니다.

4년간 진행된 남북전쟁은 약 100만 명이라는 미국 역사상 가장 많은 사상자를 냈습니다. 나라가 두 쪽으로 나뉠 위기를 극복하고 나자 미국은 더욱 급속하게 발전하기 시작했습니다.

흑인 저항운동이 어떻게 시작됐냐면

전쟁에서 진 남부 지역 백인들은 흑인과 사이좋게 살았을까요? 그랬다면 정말 좋았겠지만 그렇지 못했습니다. 북군의 초토화 작전으로 피해를 본 남부연합 지역은 북부연방에 원한을 품죠. 공식적으로는 노예 해방이 되었지만, 흑인을 억압하는 다양한 방법을 만들어 냅니다. 흑백 분리 정책으로 흑인과 백인은 다른 학교에 다니고, 수돗물 수도꼭지를 따로 쓰고, 화장실도 따로 이용하게 했습니다. 버스도 앞은 백인 좌석, 중간은 자유석, 뒤는 흑인 좌석으로 지정하고 자리가 없으면 흑인이 백인에게 자리를 양보하게 했습니다. 지금 보면 어이없지만 20세기 중반까지도 미국은 소수 인종에 대한 인권 의식이 부족했습니다.

1950년대 민권운동가 마틴 루터 킹 목사가 등장하면서 조직적인 비폭력 저항운동을 펼칩니다. 어느 날, 한 흑인 여성이 버스 중간석 앞자리에 앉아 있었습니다. 백인들이 많이 타자 버스 기사가 흑인은 뒷좌석으로 가라고 지시했는데, 그녀는 끝까지 이를 거부했죠. 결국 인종분리법 위반으로 경찰에 체포됩니다.

이 사건을 계기로 인종차별을 하는 버스 승차를 거부하는 운동이 이어졌고, 킹 목사를 중심으로 다양한 저항운동이 펼쳐졌습니다. 마침내 1964년에는 민권법이 제정됩니다. 이 법은 흑인의 투표권을 보장하고 공공시설에서 차별을 금지하며, 흑인과 백인이 같은 학교에 다닐 수 있도록 한다는 내용입니다.

하지만 흑인들의 처지는 별로 나아지지 않았습니다. 마틴 루터 킹 목사가 평화적 저항운동을 벌였다면, 또 다른 지도자였던 맬컴 엑스는 백인들이 지배하는 사회에 저항하며 흑인 민족주의에 기반한 폭력적 시위에 불을 붙였습니다. 1964년 뉴욕 할렘, 1965년 로스앤젤레스 와츠에서 대규모 흑인 폭동이 일어납니다. 한편 비폭력 저항운동을 펼치던 킹 목사와 과격한 투쟁을 하던 맬컴 엑스는 암살당했습니다.

대도시에 슬럼가가 있는 이유

미국 대도시를 여행할 때면 밤에는 돌아다니지 말라는 주의를 많이 듣습니다. 특히 슬럼가는 위험할 수 있으니 조심하라고 합니다. 슬럼^{slum}은 큰 도시에서 생활환경, 경제, 치안이 심하게 안 좋은 지역을 일컫는 말입니다. 흑인들은 경제적으로 어려운 경우가 많다 보니 슬럼을 형성하며 사는 경우가 흔합니다. 옛날에도 흑인들은 차별 가득한 남부의 농촌을 떠나고 싶어 했습니다. 새로 뚫린 철도를 따라 북쪽의 대도시로 직업을 찾아 떠나 왔죠. 그러나 이들은 살던 곳이 재개발되면서 열악한 환경의 변두리로 밀려나게 되었습니다.

뉴욕 맨해튼은 높은 빌딩과 시원하게 뻗은 거리가 먼저 눈에 띄지만, 맨해튼 북부로 가면 미국 최대의 흑인 거주지인 할렘이 있습니다. 할렘은 범죄가 자주 일어나기로 악명이 높은 지역이죠. 이런 도심의 슬럼가는 어떻게 생기는 걸까요? 자가용을 타고 도심으로 출퇴근할 수 있는 부유한 백인들은 교외 지역으로 떠나고, 도심 주변의 낡고 가격이 싼 지역에 가난한 흑인이 모여들면서 생겨납니다. 혹은 흑인 이웃을 꺼리는 백인들이 모두 동네를 떠나 흑인 거주지로 바뀌기도 합니다.

흑인들의 생활환경이 열악하다 보니 유아 사망률도 백인보다

2배로 높고, 교육 수준도 떨어져서 대학에 진학하는 사람도 백인의 절반 정도입니다. 그러니 좋은 직장을 잡기가 어렵습니다. 범죄와 마약의 유혹에 빠지는 경우도 많아서 백인보다 평균수명도 짧습니다. 좋지 못한 환경 탓에 삶이 나아지기 힘든 구조인 거죠.

오히려 백인이 차별받는다고?

1991년 소련이 무너지고 미국은 세계 최강국이 됩니다. 세계화를 진행하면서 미국의 주요 공장은 중국과 같이 노동력이 싼 지역으로 옮겨 갔습니다. 미국의 자동차, 철강 등 전통적으로 공업이 발달한 지역에 살던 백인들은 직업을 잃게 되었죠. 빈부격차는 갈수록 심해지고 소외된 백인들은 정치 엘리트들의 말을 믿지 않게 되었습니다. 흑인과 소수 집단에 대해서도 반발심이 커졌죠. 이들은 백인이 내는 세금으로 흑인들이 생계보조금을 받아 생활할 수 있다며 미국의 복지 제도에 불만을 표합니다. 대학 입학 등에서도 소수 인종을 우대하는 정책 때문에 오히려 백인 학생이 역차별을 받는다는 피해의식도 커지고 있죠. 2023년에는 미국 대법원에서 소수 인종 우대 입학 제도가 위헌이라는 판결을 내렸습니다.

미국 백인들뿐 아니라 흑인들도 다른 소수 인종에 대한 반감이 있습니다. 아시아인을 혐오하는 분위기는 1800년대 중반 많은 중국인이 태평양을 건너오면서 시작되었습니다. 당시는 미국의 서부 개발이 활발하던 시기여서 금광 채굴, 교량과 대륙횡단 철도 건설 등에 임금이 싼 중국인 노동자가 몰려들었습니다. 일자리를 잃은 백인들은 분노의 화살을 아시아인에게 돌렸습니다. 1871년에는 백인과 히스패닉 노동자 수백 명이 로스앤젤레스의 차이나타운에 몰려가서 중국인 19명을 살해한 일도 있었습니다. 1876년 천연두가 번질 때는 중국인이 병을 옮겼다는 소문이 돌기도 했습니다. 2020년부터 코로나 19가 대유행하면서 초반에 문제를 숨겼던 중국 책임이 크다는 여론이 높아졌습니다. 중국에 대한 반감은 곧 아시아인에 대한 혐오로 번졌습니다.

미국은 1882년 '중국인 배척 법'을 시작으로 점차 아시아인들의 이민을 법으로 막았습니다. 그러나 존 F. 케네디 대통령은 이민을 개방하면서 미국을 '민족의 용광로'로 만들어야 한다고 주장했습니다. 1963년 케네디 대통령이 암살당한 후 이민법이 개정되고 1968년 발효되면서 미국에는 아시아와 중남미 이민자들이 급증했습니다. 86%에 달하던 백인 비중은 현재 60%대로 떨어졌고, 히스패닉이 두 번째로 많은 비중을 차지하며 흑인이 세 번째가 되었습니다. 아시아 이민자들의 비중도 점차 늘어나고 있죠.

반복될 수밖에 없는 흑인 폭동

1960년대 아시아인들에게도 이민의 문이 열리면서 우리나라의 고학력자들도 미국으로 많이 이민을 떠났습니다. 이민자들은 로스앤젤레스 코리아타운처럼 미국 서부에 많이 가서 도축, 과일 농장 노동자, 자영업 같은 일부터 시작했습니다.

아시아 이민자들이 처음부터 고급 주택 지역에 들어가서 살기는 어려웠죠. 유대인, 이탈리아 이민자들이 하던 가게를 주로 물려받았는데, 대부분 흑인 거주 지역에 많았습니다. 흑인들 입장에서는 흑인 지역에서 돈을 벌면서 자신들과 교류하지 않고 돈을 벌면 백인 거주지로 떠나는 이민자들이 못마땅했을 것입니다.

한국 이민자들이 엄청난 충격을 받은 사건이 있었습니다. 1992년 로스앤젤레스 흑인 폭동 때 코리아타운의 수많은 가게가 불타고 약탈당한 겁니다. 당시 백인 주류 세력은 흑인들의 불만에 자신들이 피해를 볼까 봐 다른 소수 인종에게 폭동의 불길이 돌아가도록 방치했습니다. 한인 상인들은 총과 무기를 들고 스스로 폭동에 맞서야 했죠. 군대 조직 같은 한인들의 모습이 TV에 보도되자 흑인 폭도들은 물러났고, 코리아타운은 안정을 찾기 시작했습니다. 다행히 이 사건 이후 한국 교포 사회와 흑인 공동체는 교류를 늘리며 협력하기 위해 노력하게 되었습니다.

끊임없는 인종차별을 없앨 방법은 무엇일까요? 인종차별 금지 교육도 중요하고, 흑인이나 소수 인종에게 열악한 경제 상황을 개선할 교육이나 평등한 기회를 제공하는 것도 중요할 겁니다. 그러나 무엇보다 다른 인종끼리 소통하고 서로 이해하도록 노력해야겠지요. 여러분은 어떤가요? 피부색이나 외모로 사람을 차별하는 마음이 들진 않나요?

✴ **토론해 볼까요?** ✴

· 우리나라에는 인종차별이 없을까요?

미국에서 흑인 시위가 잦은 이유

2

러시아와 유럽

아이슬란드

영국

아일랜드

스페인

포르투갈

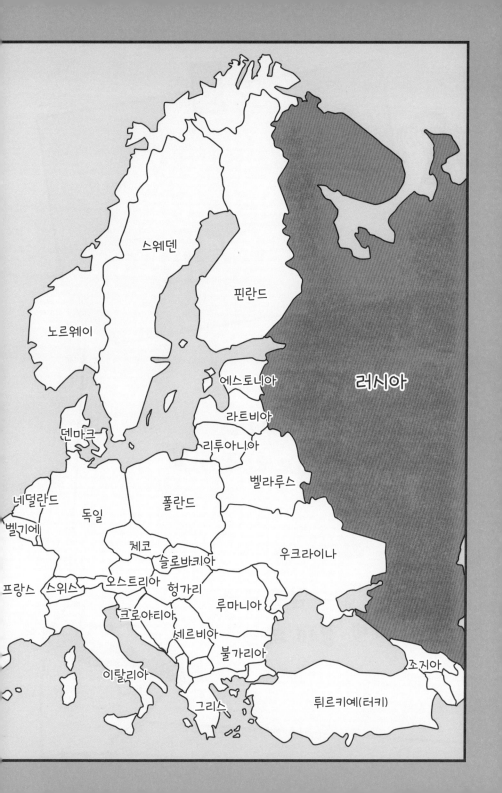

러시아는 왜 우크라이나를 침공했을까?

"푸틴 대통령,
'우크라이나는
러시아의 일부'라고 주장"

"러시아의
우크라이나 침공으로
전 세계 경제 타격"

강이　러시아는 왜 우크라이나를 침공한 거야? 푸틴 대통령은 우크라이나가 러시아 땅이라고 말하던데.

별이　우크라이나에 땅을 빌려줬던 게 아닐까?

강이　설마. 우크라이나 땅이 농사가 잘되니까 뺏으려는 거 아니야?

산이　러시아와 우크라이나 모두 소련 시절에는 같은 나라였대. 같은 나라일 때 러시아가 우크라이나에 넘겨준 땅이 많은가 봐.

별이　독립한 지가 언젠데 그런 소리를 하는 거야. 그런 식이면 옛날에 우리 땅이었으니 내놓으라는 나라들 엄청 많을걸.

강이　맞아. 그렇게 싸우면 곳곳에 전쟁이 날 거야.

별이　두 나라 싸움에 왜 전 세계가 어려움을 겪는지도 이해가 안 돼.

산이　그러게. 유럽, 미국뿐만 아니라 왜 전 세계에 영향을 미치는지 알아봐야겠어.

동유럽에 있는 우크라이나는 동쪽과 동북쪽으로 러시아와 국경이 맞닿아 있습니다. 유럽에서 러시아 다음으로 국토가 넓은데, 남한 면적의 6배 정도입니다. 면적은 크지만 인구는 약 3,900만명으로 5,100만 명이 넘는 우리나라보다 적습니다. 우크라이나는 기후가 온화하고 땅은 비옥한 흑토로 덮여 있어서 농사가 잘

됩니다. 국토의 3분의 2가 농경지로 이용될 정도죠. 곡식이 많이 나는 세계 3대 곡창 지대라서 '유럽의 빵 바구니'로도 불립니다.

우크라이나는 흑해를 통해 지중해로 연결되는 곳에 있어 소련 시절(1922~1991년)부터 경제와 군사 측면에서 중요했습니다. 동부 지역은 무기를 만드는 군수산업이 발달했고, 핵무기도 많이 배치되어 있었습니다. 물론 독립 이후에는 핵무기가 러시아로 다 옮겨져서 지금은 없습니다. 우크라이나는 1991년 12월에 소련으로부터 독립했습니다.

러시아와 유럽 사이에 낀 우크라이나

러시아는 수도 모스크바의 안전에 민감합니다. 특히 피레네산맥부터 우랄산맥까지 막힘 없이 이어지는 유럽 대평원이 골칫거리입니다. 산맥과 같은 천연 장벽이 없어서 적이 쳐들어오면 방어하기가 힘들기 때문이죠. 역사적으로 폴란드, 프랑스(나폴레옹), 독일(히틀러) 등 러시아를 침략한 군대들이 이 평원을 지나 모스크바로 진격해 왔습니다. 그때마다 러시아는 엄청난 피해를 보았습니다.

제2차 세계대전 때는 나치 독일이 침략해 무려 2,700만 명이 사망했습니다. 지금도 러시아에서는 해마다 그때 목숨을 잃은 이들의 사진을 들고 행진하는 추모 행사를 하고 있습니다. 그만큼 러시아는 자국의 안보에 굉장히 민감합니다.

제2차 세계대전 이후 러시아(당시 소련)는 유럽 강대국들과 국경이 맞닿지 않게 하려고 했습니다. 동유럽 국가들을 모두 러시아를 둘러싸는 위성국가로 삼아 유럽과 러시아 사이에서 쿠션 역할을 하는 완충지대로 둔 겁니다. 유럽에서 곧장 러시아로 쳐들어오지 못하도록 중간 지역에 속한 나라들을 거느린 거라고 할 수

우크라이나와 국경이 인접한 나라들

있죠.

1991년 소련이 해체되고 주위의 국가들이 독립하면시 러시아는 완충지대를 잃었습니다. 그 뒤로 러시아는 국경을 맞대고 있는 나라 중에서 특히 우크라이나를 신경 썼습니다. 우크라이나가 유럽 편이 되어서 러시아를 공격하면 유럽과 가까운 만큼 공격당하기도 쉬워지기 때문이죠.

우크라이나는 서유럽 국가들 편에 서서 유럽연합(EU)에 가입하려 하고, 더 나아가 러시아와 대립하는 군사 협력체인 북대서양조약기구(NATO, 나토)에 들어가려고 했습니다. 나토는 제2차 세계대전 이후 소련에 맞서기 위해 미국을 중심으로 유럽 국가들이 손을 잡은 군사동맹입니다. 소련은 해체되었지만, 나토는 여전히 남아 있고 동쪽으로 더 확대되었습니다.

나토, 우크라이나 받아 줘 말아?

미국과 유럽은 과거 소련의 영토였던 지역으로는 나토를 확대하지 않겠다고 약속했습니다. 하지만 소련이 해체되고 러시아의 힘이 약해지자 태도를 바꿨습니다. 동유럽 국가들도 경제적으로 부유한 유럽연합에 가입하고, 러시아의 위협에서 벗어나기 위해 대부분 나토에 가입했죠. 심지어 러시아와 직접 국경이 맞닿아 있는 발트 3국(발트해 연안의 세 나라)인 에스토니아, 라트비아, 리투아니아도 나토 회원국이 됩니다. 러시아는 오랜 혼란을 거치면서 힘이 없었기 때문에 이런 과정을 지켜볼 수밖에 없었습니다. 하지만 우크라이나는 러시아와 유럽의 중간에 있어서 나토 가입이 어려웠습니다.

러시아는 그동안 우크라이나에 경제적 혜택을 제공했습니다. 러시아의 천연가스관이 우크라이나를 지나 유럽으로 가기 때문에 우크라이나는 중간에서 천연가스를 싸게 공급받았습니다. 또 러시아로부터 가스관이 통과하는 비용도 받아 왔죠.

그러나 우크라이나는 계속해서 나토에 가입하려 했습니다. 우크라이나 동부 돈바스 지역에서는 독립을 주장하는 친러시아 세력이 우크라이나 정부와 분쟁을 벌였는데, 분쟁 지역이 있으면 사실상 나토에 가입하기가 어렵습니다. 그래도 유럽과 미국은 우크라이나가 나토에 가입할 수 있는 것처럼 이야기했죠.

러시아의 대통령 블라디미르 푸틴은 우크라이나가 나토에 가입하면 전쟁을 일으킬 것이라고 경고했습니다. 그런데도 우크라이나의 볼로디미르 젤렌스키 대통령은 나토에 가입하겠다고 말하고 다녔죠.

우크라이나가 나토에 가입하면 러시아에 왜 문제가 될까요?

러시아의 안보에 아주 큰 위협이 되기 때문입니다. 나토가 우크라이나에 중거리 미사일을 설치해 러시아를 공격하면, 러시아는 수도를 지키기 어렵습니다. 너무 가깝기 때문이죠. 젤렌스키 대통령은 유럽을 대신해 러시아와 싸우는 용감한 지도자라고 칭찬받았지만, 한편으로는 전쟁을 불러왔다는 비난을 받기도 합니다.

  미국은 러시아가 군사력은 세계 2위로 평가받을지 몰라도, 경제 규모는 11위 정도여서 전쟁을 오랫동안 이어 갈 능력이 없다고 보았습니다. 하지만 2022년 2월 말에 시작된 전쟁은 예상 외로 길어졌고, 러시아에 위협을 느끼는 나라도 늘어나게 되었습니다. 어느 편에도 서지 않고 중립을 지키던 스웨덴과 핀란드마저 러시아의 침략을 두려워하며 나토에 가입 신청을 할 정도였죠.

러시아의 역사가 시작된 땅

소련은 러시아를 중심으로 15개의 나라가 합쳐진 나라였습니다. 우크라이나는 러시아 다음으로 소련에서 가장 중요한 나라였죠. 당시 우크라이나는 지금과 달리 영토가 작았습니다. 소련 시절에 최고 지도자였던 레닌, 스탈린, 흐루쇼프가 동부와 남부, 서부 등 많은 땅을 우크라이나공화국에 포함하면서 지금처럼 면적이 넓어졌습니다.

우크라이나 남부에 있는 크림반도는 러시아가 우크라이나에 넘겨준 땅입니다. 당시에는 우크라이나가 소련의 한 지방이었기 때문에 영토를 주고받아도 문제가 없었던 거죠. 국가끼리 영토를 넘겨주고 받은 것과는 달랐습니다. 1991년 소련이 붕괴하면서 우크라이나가 독립하자 문제가 생겼습니다. 우크라이나가 계속 서유럽 국가들과 가까이 지내려 한 거죠. 결국 러시아는 우크라이나가 러시아를 위협하는 적대국이 된다면 이전 영토를 다시 가져가겠다고 합니다.

러시아는 우크라이나가 유럽 편에 붙는 것을 인정할 수 없습니다. 우크라이나는 러시아의 역사가 시작된 땅이기 때문입니다. 우크라이나인은 러시아와 뿌리가 같은 동슬라브인입니다. 9세기 말부터 지금의 우크라이나 수도인 키이우(키예프) 지역을 중심으로 발달한 키이우 루시(키예프 루스)가 러시아와 우크라이나, 벨라루스의 뿌리입니다. 러시아는 우크라이나를 같은 나라로 봅니다. 그러나 특히 서부를 중심으로 한 우크라이나 사람들은 그렇게 생각하지 않죠. 오래전부터 우크라이나는 폴란드, 오스트리아, 러시아로부터 독립하기 위해 민족주의 운동을 벌여 왔습니다.

소련이 해체되었을 때도 러시아, 우크라이나, 벨라루스는 금방 새로운 연방공화국으로 뭉칠 것이라고 믿었습니다. 러시아는 벨라루스와 우크라이나를 러시아 영토를 공유하는 같은 민족이라고 생각합니다. 세 나라에 사는 친척들이 편하게 오갈 정도로 친밀하기도 합니다. 그러나 러시아가 경제적으로 약해지면서 점차 우크라이나에서는 잘사는 유럽의 구성원이 되는 것이 더 좋겠다는 여론이 높아졌습니다.

우크라이나 동부 vs 서부

우크라이나의 수도 키이우는 드니프로강(드네프르강)을 끼고 있습니다. 우크라이나는 드니프로강을 중심으로 서부 지역과 동부 지역의 문화가 상당히 다릅니다. 동부 지역은 전통적으로 러시아 주민들이 많이 살았습니다. 서부 지역은 오랫동안 폴란드의 지배를 받아서 많은 이가 자신들이 유럽인이라고 생각합니다. 또한 서부 지역은 우크라이나의 민족주의 세력이 커지면서 러시아에서 독립하려고 노력해 왔습니다.

현재 우크라이나는 러시아에 대한 적개심이 매우 강합니다. 그 이유는 스탈린 시절(1924~1953년)로 거슬러 올라갑니다. 당시 소련은 산업화를 빨리 이루기 위해 곡물을 수출해 자금을 모았습니다. 1932~1933년에는 우크라이나 농민들이 굶어 죽어 가는데도 스탈린이 무리하게 곡물을 수출해서 기아와 질병으로 1,000만 명 가까이 사망합니다. 이때 소련의 서기장 니키타 흐루쇼프는 민심을 달래기 위해 우크라이나에 크림반도를 주었습니다.

1986년 소련이 우크라이나의 체르노빌에서 운영하던 원자력 발전소가 폭발하는 사고가 일어났습니다. 그 피해를 고스란히 겪은 우크라이나에서는 러시아에 대한 반감이 더 커졌습니다. 수도 키이우에서 체르노빌은 100km 정도 떨어져 있는데, 방사능에 오염된 물이 드니프로강에 흘러들면 수많은 사람이 피해를 볼 수 있었죠. 늦게나마 사고를 수습해 큰 인명 피해는 막을 수 있었지만, 당시 소련 정부는 사고를 숨기기 바빠 피해를 키웠습니다.

우크라이나는 러시아 사람들이 많이 거주하는 동쪽과 그렇지 않은 서쪽으로 나뉘어 갈등을 겪고 있습니다. 1991년 독립한 후 우크라이나에서는 여러 번의 대통령 선거에서 동부의 친러시아파와 서부의 친유럽파로 나뉘어서 표 대결을 벌였습니다. 그런데 2013년 친러시아파인 빅토르 야누코비치 대통령이 유럽연합에 가입하겠다는 약속을 저버리고 러시아와 협력했습니다. 수십만 명의 시위대가 몇 달 동안 마이단 광장에 나와 친유럽 정책과 민주주의를 요구하는 시위를 했습니다. 결국, 마이단혁명으로 야누코비치는 탄핵당하고 러시아로 망명하게 됩니다.

이때 새롭게 정권을 차지한 우크라이나 민족주의 세력은 러시아계 주민들을 탄압하기 시작했습니다. 우크라이나는 우크라이나 민족 외에도 러시아, 헝가리, 루마니아, 폴란드계 주민이 사는 다민족 국가입니다. 우크라이나어와 함께 러시아어를 널리 사용해 왔죠. 그런데 반러시아 세력이 강해지면서 러시아계 언어와 전통을 없애고 러시아계 주민들을 억압한 겁니다. 반러시아 세력들은 TV와 영화, 신문 등에서 러시아어를 쓰지 못하게 하고, 러시아어 교육까지 금지했습니다.

결국 2014년부터 우크라이나에서는 나라 안의 다른 세력끼리 싸우는 내전이 시작되었습니다. 러시아는 그해 2월에 크림반도를 강제로 빼앗았습니다. 러시아의 흑해함대가 있어서 전략적으로 아주 중요한 곳이기 때문이었죠. 크림반도에는 러시아계 주민이 대부분이어서 주민들은 러시아에 합병하는 투표에 찬성표를 던졌습니다. 러시아가 크림반도를 점령하자 미국과 유럽은 러시아를 비난하고, 무역을 통제하는 경제제재를 가했습니다.

한편 우크라이나의 동부 지역인 돈바스에서는 그해 4월에 돈바스 전쟁이 시작되었습니다. 친러시아 반군들이 루간스크공화국과 도네츠크공화국을 세우고 우크라이나로부터 독립을 선언한 거죠. 돈바스 지역의 3분의 1을 차지한 반군과 우크라이나 정부군은 치열하게 내전을 벌였습니다. 9월에 종전을 위한 민스크협정을 맺지만 협정은 지켜지지 않았습니다. 우크라이나군은 러시아계 주민들을 공격했고, 이후 8년 동안 1만 4,000명이 사망했습니다. 사실상 2022년 2월에 일어난 러시아와 우크라이나의 전쟁은 2014년에 이미 시작된 것이라고 할 수 있죠.

유럽도 러시아는 못 막아

러시아의 우크라이나 침공이 길어지면서 유럽과 미국 등 여러 나라는 러시아에 경제적인 압박을 가하면 러시아가 금방 무너질 것이라고 예상했습니다. 하지만 상황은 다르게 흘러갔습니다.

러시아는 정치적으로 안정되어 있고, 에너지와 식량이 풍부한 나라입니다. 러시아에서 푸틴 대통령의 지지도는 상당히 높죠. 또한 러시아가 경제적으로 타격이 적은 것은 2014년 크림반도를 점령해 경제제재를 받았을 때 이미 단련이 되었기 때문입니다. 러시아는 그동안 위기에 대비해서 식량 생산량을 늘려 왔고, 세계적인 곡물 수출국이 되었습니다.

오히려 러시아를 제재하는 쪽이 어려운 처지에 빠졌습니다. 특히 유럽은 러시아의 천연가스와 석유를 사용하지 않겠다고 큰소리쳤지만, 완전히 끊을 수 없는 상황입니다. 러시아는 유럽이 수입을 줄인 양만큼 중국과 인도 등 미국의 눈치를 보지 않는 나라에 에너지를 수출하고 있습니다. 전쟁이 길어질수록 에너지 가격이 뛰면서 오히려 러시아가 많은 돈을 버는 희한한 상황이 벌어진 겁니다.

세계에서 에너지와 식량을 스스로 생산하고 수출하면서 군사력까지 막강한 나라는 단 두 나라밖에 없습니다. 바로 미국과 러시아입니다. 러시아는 그리 만만한 나라가 아닙니다.

곡창 지대인 우크라이나의 식량 수출이 막히고 에너지 가격마저 크게 오르면서 아프리카와 아시아의 가난한 나라들은 위기에 처했습니다. 유럽도 물가가 치솟고, 에너지 위기에 내몰리고 있습니다. 전쟁이 길어지면서 겨울 난방을 걱정하는 사람들도 늘어났죠. 또한 미국이 중국과 패권 다툼을 하는 중에 러시아까지 제재하면서 오히려 중국과 러시아의 사이는 가까워지고 있습니다. 두 강대국의 사이를 떼어 놓기란 거의 불가능합니다. 유럽에서 러시아와 협상을 통해 전쟁을 끝내야 한다는 주장이 점점 강해진 것은 이런 이유 때문입니다.

유럽은 러시아의 에너지 없이 괜찮을까?

러시아에서 가스관을 통해 유럽에 들어오는 천연가스는 중동이나 북아메리카에서 수입하는 천연가스보다 아주 쌉니다. 1973년 처음으로 시베리아에서 생산된 천연가스가 가스관을 따라 서독(지금의 독일)으로 수입되었습니다. 독일은 미국과 소련이 냉전을 벌이던 시기부터 러시아와 경제적으로 협력했습니다. 러시아가 가스관을 설치할 때 독일이 도움을 주면서 두 나라는 좋은 관계를 유지했죠. 서로 도움을 주고받으며 독일이 러시아로부터 받는 군사적 위협도 줄일 수 있었습니다. 1990년 서독이 동독과 통일할 때 소련이 동의한 것은 독일이 소련에 해를 끼치지 않으리라는 믿음이 있었기 때문입니다.

유럽은 오랫동안 러시아의 값싼 에너지를 사들여 난방과 전기 생산에 사용해 왔습니다. 특히 독일은 러시아의 에너지를 바탕으로 제조업 강국으로 성장할 수 있었죠. 그래서 더 안정적으로 천연가스를 수입하기 위해 2000년대에 발트해를 지나는 가스관인 '노르트스트림1'을 건설했습니다. 2021년에는 '노르트스트림2'도 완공했지만 가동되지 않았습니다.

미국은 예전부터 독일이 러시아의 천연가스에 의존하면 안 된다며 가스관 사업을 말렸습니다. 유럽이 러시아의 에너지에 기대다가 위기 상황에서 러시아가 가스관을 닫아 버리면 모두 러시아에 꼼짝 못 하게 될 수 있다는 거였죠. 러시아의 우크라이나 침공 때문에 유럽은 러시아에서 수입하는 에너지 양을 줄였지만, 러

러시아와 유럽을 연결하는 가스관

시아가 가스관을 잠그면 추운 겨울을 나기 어렵습니다. 동유럽의 가난한 나라들은 중동이나 미국의 값비싼 에너지를 감당하기 힘듭니다.

어쩔 수 없이 유럽 나라들은 줄여 가던 석탄발전소를 다시 가동해야 했습니다. 신재생에너지와 원자력발전을 늘리면서 에너지를 공급하기 위해 안간힘을 쓰고 있지만, 준비를 마칠 때까지 러시아의 에너지를 수입하지 못하면 유럽 경제는 더 힘들어질 겁니다. 이런 이유로 독일과 프랑스 등은 우크라이나가 러시아와 협정을 맺고 전쟁을 빨리 마무리 짓기를 바랍니다.

러시아도 전쟁으로 잃는 게 많아

전쟁이 시작된 이후 우크라이나에서는 수많은 사람이 죽거나 다치고, 1,000만 명에 가까운 난민이 발생했습니다. 삶의 터전도 처참히 파괴되었죠. 한편 러시아는 유럽과 사이가 더 안 좋아졌습니다. 에너지를 가장 많이 수입하던 유럽 시장이 줄어들자 러시아는 다른 지역으로 수출을 늘려야 했습니다. 또한 러시아가 오랫동안 야심 차게 준비하던 북극 개발이 어려워지고 있습니다. 개발 사업을 지원하던 서방 기업들이 철수했기 때문입니다.

사실 대부분의 전문가마저 러시아가 유럽과 협력해야 하기 때문에 침략 전쟁을 벌이지 않을 거라고 예상했습니다. 그러나 러시아가 우크라이나를 침공해 도시를 파괴하는 모습을 본 사람들은 경악했습니다. 러시아는 이 전쟁으로 국제 사회에서 위험한 존재가 되었습니다.

우리의 미래는 어떻게 될까?

러시아는 이번 전쟁을 계기로 우크라이나의 동부와 남부를 차지하고, 우크라이나를 중립국으로 만들어서 안보 위협을 없애려 할 것입니다.

푸틴은 2022년 7월 대통령령으로 러시아계 국민뿐 아니라 모든 우크라이나인이 별다른 절차 없이 러시아 시민권을 취득할 수 있게 했습니다. 러시아는 전쟁이 협상으로 마무리되면 러시아 주민이 많은 우크라이나의 동부와 남부 지역을 러시아 땅으로 만들 가능성이 큽니다. 동부 돈바스와 남부 지역에 사는 러시아계 주민들은 러시아의 포용 정책을 환영합니다. 러시아 점령군은 주민들에게 도움을 주면서 민심을 러시아 편으로 끌어들이고 있습니다. 파괴된 지역에 무료로 집을 지어 주고, 구호 물품에 연금도 지급했습니다.

2022년 10월에는 동부 돈바스와 남부 헤르손 등을 주민 투표를 통해 러시아 영토로 편입했습니다. 우크라이나 정부는 우크라이나를 강제로 동화시키고 땅을 빼앗으려는 행위라고 반발했죠. 이제 우크라이나도 반으로 갈라질 위기에 처한 겁니다.

러시아의 우크라이나 침공은 우리나라에도 아주 불행한 사건입니다. 북한의 핵무기는 러시아와 중국에 위협이 되므로 그동안 그들도 북한 핵을 제재하는 데 도움을 주었죠. 하지만 과거 러시아에 핵무기를 빼앗긴 우크라이나가 힘없이 공격당하는 것을 본 북한은 더더욱 핵 위협을 강화할 것입니다. 우리나라는 지금도 전쟁이 끝나지 않은 분단국가입니다. 1953년 한국전쟁은 휴전을 했고, 지금도 휴전선이 남북한 사이에 놓여 있습니다. 미·중 갈등에서 미·중·러 갈등으로 번지면서 한반도뿐만 아니라 대만에서도 분쟁이 발생할 가능성이 커졌습니다. 현재 중국, 일본, 한국은 모두 군사력을 키우고 있습니다.

전쟁은 한 나라의 비극일 뿐 아니라 이웃 나라를 비롯한 전 세계와 연결된 문제입니다. 전쟁을 막고 평화의 길을 찾도록 국제 사회가 협력하며 노력해야 할 것입니다.

★ 토론해 볼까요? ★

- 러시아의 우크라이나 침공은 왜 세계 경제에 영향을 미칠까요?
- 러시아의 우크라이나 침공은 우리나라에 어떤 영향을 미칠까요?

에너지 전환에 진심인 유럽

"'러시아 에너지 탈피하자'
신재생에너지
투자 늘리는 유럽연합"

"유럽연합,
2030년 재생에너지 목표
45%로 높인다"

별이 아~ 뛰어왔더니 완전 덥다. 에어컨 좀 켜줘.

강이 2구도 정도는 참아야지. 선풍기나 틀어.

별이 너 전기세 아까워서 그러지?

강이 이거 왜 이래~ 파리협정 몰라? 지구온난화를 막으려면 우리 나라도 탄소 배출을 줄여야 한다고.

산이 기후변화를 막으려면 전기 소비도 줄이고, 자동차도 전기차로 바꿔야 해. 할 일이 많아.

별이 전기를 석탄이나 석유로 만들면 탄소 배출량은 그게 그거 아냐?

산이 그래서 태양광, 수력, 풍력 같은 신재생에너지가 필요한 거야.

강이 우리나라는 2차전지가 최고지!

기후변화로 폭우와 가뭄, 산불 등 자연재해가 전에 볼 수 없던 수준으로 자주 일어나고 있습니다. 산업화 이후 온실가스 농도가 높아져서 지구 평균기온이 약 1도 올랐습니다. 과학자들은 만약 산업화 이전보다 2도 이상 오르면 지구가 견딜 수 없는 상황이 되면서 자연재해가 심각해질 거라고 예측합니다.

지구의 평균기온이 1.5도 이상 올라가지 않게 막으려면 2050년까지 탄소중립이 되어야 한다는 거죠. 탄소중립은 탄소 배출량만큼 탄소를 흡수해서 순배출량이 0이 되게 하는 것입니다. 2015년 파리기후변화협약(파리협정)에서 선진국과 개발도상국 197개 나라가 모여서 온실가스 배출량을 단계적으로 줄여 나가기로 합의했습니다. 주요 선진국은 2050년까지 재생에너지 비율을 60~80%로 높이겠다고 발표했습니다. 선진국들은 재생에너지를 사용하지 않고 만든 제품은 수입과 수출을 금지하는 법안도 만들고 있습니다.

신재생에너지에 딱 좋은 환경

북부 유럽은 바람이 많이 불어 풍력발전에 유리합니다. 북해는 옛날부터 바람이 거세고 파도도 심했습니다. 영국, 노르웨이, 덴마크, 독일 등 북해 주변 국가들은 일찍이 바다에 풍력발전소를 건설했습니다. 프랑스도 대서양 연안을 따라 풍력발전소를 지었죠. 유럽은 전기 수요의 13%를 풍력으로 해결합니다. 태양광발전에 지원과 투자를 꾸준히 해왔습니다. 독일은 주택과 빌딩에 태양광 패널을 설치하면서 풍력에 이어 태양광까지 신재생에너지로 삼아 전력 소비의 40% 이상을 공급하고 있습니다.

노르웨이, 아이슬란드 같은 북유럽 나라들은 산지에 빙하가 가

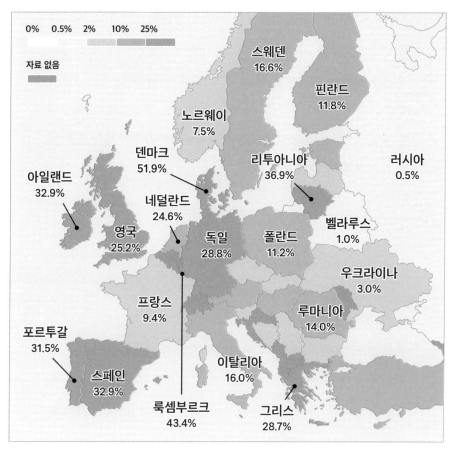

0% 0.5% 2% 10% 25%

자료 없음

스웨덴
16.6%

핀란드
11.8%

노르웨이
7.5%

러시아
0.5%

덴마크
51.9%

리투아니아
36.9%

아일랜드
32.9%

네덜란드
24.6%

벨라루스
1.0%

영국
25.2%

독일
28.8%

폴란드
11.2%

우크라이나
3.0%

프랑스
9.4%

루마니아
14.0%

포르투갈
31.5%

이탈리아
16.0%

스페인
32.9%

룩셈부르크
43.4%

그리스
28.7%

러시아와 유럽의 풍력발전과 태양광발전 비중(2021년 기준)

득하죠. 빙하에서 녹아내리는 물이 풍부해서 수력발전으로 대부
분의 전기를 생산합니다. 아이슬란드는 화산 지대여서 땅속의 열
을 이용하는 지열발전도 상당합니다.

유럽은 여러 나라의 전력망이 서로 연결되어 있습니다. 전기가 부족하거나 남는 지역들이 서로 전기를 주고받기 때문에 전기의 생산과 공급을 일정하게 유지할 수 있습니다. 반면 우리나라는 주변 국가와 연결되지 않아서 필요한 전기를 모두 스스로 생산해야 하죠. 이 때문에 우리나라가 원자력발전소와 화력발전소를 계속 늘려 왔던 겁니다.

유럽은 왜 탄소중립에 적극적이야?

전 세계에서도 유럽이 탄소중립을 가장 강하게 주장하는 이유는 무엇일까요? 무엇보다 기후위기가 심각하기 때문입니다. 다른 이유도 있습니다. 유럽이 미래 에너지 시장에서 주도권을 쥘 수 있기 때문입니다. 유럽은 2000년대 이후 재생에너지에 투자를 늘렸고, 특히 풍력발전에서 유럽 기업들이 세계 시장을 휩쓸고 있습니다. 유럽의 재생에너지 비중은 40% 정도로 세계 최고 수준입니다. 기후변화와 탄소중립 문제가 중요해질수록 유럽은 세계의 재생에너지 산업과 함께 경제를 키운다는 전략입니다.

유럽이 일찍부터 재생에너지에 투자를 늘린 계기가 있었습니다. 1973년 중동의 산유국들이 석유 생산량을 줄이면서 석유의 가격인 유가가 급등했습니다. 그러면서 1차 오일쇼크가 일어나게 되었죠. 오일쇼크란 석유 공급이 줄면서 가격이 폭등해 세계 경제가 큰 위기를 맞는 현상을 말합니다. 1차 오일쇼크로 유럽 여러 나라도 경제적으로 어려운 상황을 맞게 됩니다. 이때부터 유럽은 에너지 수입을 줄이고 스스로 에너지를 생산하기 위해 재생에너지 분야에 투자해 왔습니다. 1997년 덴마크는 앞으로 전체 에너지를 재생에너지로 전환하자는 결정을 내리기도 했죠.

원자력발전소 사고도 영향을 주었습니다. 1986년 소련의 체르노빌 원자력발전소가 폭발하면서 당시 서유럽까지 방사능 오염 문제가 퍼졌고, 반핵 운동이 거세게 일어났습니다. 1990년 독일이 통일할 때도 소련 기술로 만든 동독의 원자력발전소를 중단하게 했습니다. 또한 독일은 2011년 일본의 후쿠시마 원자력발전소 사고 이후 원자력발전을 완전히 포기합니다. 2009년 기준 전체 전력의 25%를 원자력발전으로 생산했는데, 2022년까지 17개의 원자력발전소를 모두 폐기했습니다.

신재생에너지로 만드는 전기가 많다 보니 아직까지 유럽의 전기요금은 비싼 편입니다. 특히 독일이 가장 비쌉니다. 그러다 보니 제조업의 생산 비용이 늘어났습니다. 공장은 전기를 쓰는 자동화 설비를 많이 이용하기 때문에 전기요금이 비싸면 제품의 가격이 올라 국제 경쟁력이 떨어집니다.

현재 유럽은 여러 나라에 탄소중립을 강하게 주장하고 있습니다. 애플, 테슬라 등 세계적 기업들도 탄소중립에 대비하고 있죠. 수출로 먹고사는 우리나라도 시급한 문제를 맞이한 겁니다.

탄소 배출 1, 2위 나라는 어쩐대?

세계에서 탄소를 가장 많이 배출하는 나라인 중국과 그다음인 미국은 어떻게 하고 있을까요?

중국은 온실가스를 가장 많이 뿜는 석탄 화력발전소를 줄이는 것이 문제입니다. 중국 정부가 발표한 계획에 따르면, 중국은 2030년 탄소 배출량이 정점을 찍은 뒤 2060년까지 탄소중립을 실현하겠다고 합니다. 중국은 여전히 값싼 석탄을 많이 사용하고 석탄 화력발전이 절반을 차지하기 때문에 온실가스 배출량이 선진국 전체보다 많습니다. 중국은 국가사업으로 보조금을 지원해서 태양광, 배터리, 전기차 등 첨단 친환경 산업 분야를 세계 수준으로 키웠습니다. 그러나 전체적으로 전기 소비량이 늘었기 때문에 화석연료 사용량은 계속 증가하고 있습니다.

미국은 2017년 도널드 트럼프 대통령 때 파리협정에서 탈퇴를 선언하고 2020년에 완전히 탈퇴했지만, 조 바이든 대통령이 취

임하면서 다시 참여했습니다. 미국 정부는 2030년까지 온실가스 배출량을 2005년의 절반 이하로 줄이겠다고 약속했습니다. 미국은 새로 개발된 셰일 천연가스 덕분에 온실가스를 줄일 수 있었습니다. 석탄 화력발전소를 없애고 가스 화력발전소를 늘릴 수 있었기 때문이죠. 지금은 태양광 산업 같은 신재생에너지 기업을 키우면서 중국의 태양광 기업을 견제하고 있습니다.

전쟁이 에너지 전환을 앞당겼어

유럽은 그동안 값싼 러시아산 석유와 천연가스로 경제 성장을 이루었습니다. 하지만 2022년 러시아가 우크라이나를 침략하자 유럽은 새로운 길을 찾아야 했습니다. 러시아가 유럽으로 오는 가스관을 잠가 버리면 에너지 부족과 물가 상승에 시달리게 됩니다. 유럽이 미국처럼 러시아에 에너지를 제재하기는 힘듭니다.

유럽연합은 대체에너지로의 전환을 앞당기고, 러시아의 에너지로부터 독립하겠다는 계획(REPowerEU)을 발표합니다. 그 내용으로 첫 번째는 러시아에만 기대지 않고 가스 공급선을 다양화하는 것입니다. 미국, 이집트, 아프리카 등에서 천연가스를 수입하고, 파이프라인 가스(PNG)도 노르웨이, 알제리, 아제르바이잔 등에서 끌어오겠다는 것이죠. 두 번째는 유럽의 신재생에너지 생산을 늘리기 위해 태양광발전과 풍력발전 등에 투자를 확대하는 것입니다. 또한 친환경 수소를 사용하도록 지원하기로 했습니다.

유럽이 러시아의 에너지를 하루아침에 끊기는 어렵습니다. 유럽 경제를 이끌고 있는 독일은 천연가스 수입의 반 이상을 러시아에 의존했습니다. 미국, 중동, 아프리카 등지에서 천연가스를 들여오려 해도 그에 필요한 설비에 많은 시간과 자금이 듭니다. 유럽의 나라마다 처지가 달라서 의견을 맞추기도 어렵죠. 에너지 가격과 정부 부채가 높아지면서 계획대로 실행하기 힘든 상황입니다. 하지만 앞으로 유럽은 안보를 위해서라도 에너지 전환을 더 밀어붙일 겁니다. 에너지 독립이 되어야 러시아로부터 더 안전할 수 있기 때문입니다.

화석연료에서 다른 연료로 에너지 생산 방식을 바꾸는 데는 최소 10~30년이 걸립니다. 적어도 10년 이상 혼란이 이어지고 세계 곳곳에서 분쟁이 발생할 가능성이 높습니다.

우리나라 온실가스 배출량이 늘었다고?

우리나라처럼 수출로 살아가는 나라들은 탄소중립에 생존이 걸려 있습니다. 만약 탄소 경쟁력이 다른 나라보다 높으면 우리 기업에게는 기회가 될 수 있습니다.

2021년 우리나라 정부는 2030년까지 온실가스 배출량을 2018년의 40%로 줄이겠다고 발표했습니다. 또 2050년까지 석탄 화력발전을 중단하고, 약 7%이던 재생에너지 발전 비율을 60~70%로 늘리겠다고 선언했습니다. 유럽연합보다 2배 이상 감축한다는 과감한 목표입니다. 우리나라는 2009년에도 탄소 배출량을 단계적으로 줄이겠다고 약속했지만 계속 늘려만 왔습니다. 2020년 국제에너지기구(IEA)는 한국의 온실가스 배출량이 세계 7위고, 1인당 온실가스 배출량은 세계 6위로 유럽의 2배라고 발표했습니다.

우리나라는 왜 이렇게 온실가스 배출량이 늘어난 걸까요? 가장 큰 이유는 산업구조 때문입니다. 미국과 유럽은 서비스업과 금융업 등의 비중이 높습니다. 한국은 에너지를 많이 쓰는 철강, 석유화학, 시멘트 등 중화학공업 비중이 특히 높은 제조업 국가입니다. 이들 산업에는 2040년에야 탄소 절감 기술이 적용될 예정입니다. 이처럼 산업계에서 발생하는 탄소 배출을 빨리 줄이기는 쉽지 않습니다. 에너지 효율을 높이고 탄소 배출을 적게 하는 데 투자를 소홀히 했던 것도 원인입니다. 아직도 석탄발전소를 계속 짓는 것도 문제입니다.

우리나라는 여름철에만 집중적으로 비가 와 수력발전에 불리합니다. 또한 미국과 중국처럼 땅이 넓은 나라는 햇빛이 강한 건조한 지역에 태양광 패널을 설치할 수 있고, 바람이 강한 지역에 풍력발전소를 설치하기 편합니다. 우리는 그만한 땅을 찾기 어렵다는 점도 있습니다.

신재생에너지도 완벽한 답은 아니야

탄소를 뿜지 않는 원자력발전을 늘리면 문제가 해결될까요? 유럽연합에서 프랑스, 폴란드, 체코 등은 원자력발전에 찬성하는 입장이라 논란이 많았습니다. 유럽연합은 결국 원자력을 친환경 에너지로 인정했습니다.

원자력발전을 하려면 폐기물 처리시설이 마련되어야 합니다. 우리나라에는 폐기물 중간저장시설이나 영구처분시설이 없습니다. 모든 지역에서 자기 동네에 위험한 시설을 짓는 걸 반대하기 때문입니다. 어쩔 수 없이 원자력발전에 사용되고 버려지는 핵연료를 임시로 발전소에 보관하는 실정입니다. 수명이 다한 원자로 폐기 비용까지 따지면 총 비용은 다른 에너지 발전보다 비쌉니다. 최근 소형 원자로 기술이 주목받고 있지만, 아직 원자력발전도 탄소중립 정책의 훌륭한 대안으로 보기는 어렵습니다.

친환경 에너지는 환경 파괴 문제가 없을까요? 풍력발전은 소음이 심해 주변 지역에 사는 동물과 사람에게 피해를 줍니다. 새들이 번식을 못 하기도 하고, 발전기 날개에 부딪혀 죽는 일도 매일같이 일어납니다. 풍력발전기가 있는 모든 나라에서 일어나는 문제입니다. 바다에 설치하는 해상 풍력발전의 경우 자연경관을 망치고 어업에 지장을 줘서 인근 주민들이 반대 시위도 합니다. 센 바람이 일정하게 불어야 하는 풍력발전에 적합한 지역도 해안가와 고산 지역 등 얼마 되지 않습니다.

그럼 태양광발전은 어떨까요? 햇빛을 흡수하는 태양광 패널은 실리콘메탈이라는 원료로 만듭니다. 그런데 이 원료를 만들려면 전기가 많이 듭니다. 버려진 태양광 패널이 환경오염의 원인이 되기도 하죠. 태양광 패널로 충분한 에너지를 모으려면 엄청나게 넓은 땅이 필요합니다. 태양광발전소를 설치하느라 산과 밭을 뒤덮어 버리고, 심지어 멀쩡한 나무를 베어서 산사태가 일어나기도 합니다. 호수에 설치하는 태양광 패널도 수질오염으로 반발이 심합니다.

재생에너지의 가장 큰 단점은 화력발전이나 원자력발전처럼 오랫동안 안정적으로 전기를 공급하기가 어렵다는 점입니다. 날이 계속 흐리면 태양광발전을 할 수 없습니다. 바람이 불지 않으면 풍력발전기가 멈추죠. 바닷물을 이용하는 조력발전도 밀물과 썰물이 바뀌는 시간에만 할 수 있습니다. 전체적으로 재생에너지는 발전기를 가동하는 시간의 10~30% 정도에만 전력을 생산합니다. 생산된 전기를 대량으로 저장하는 시설을 늘리기도 힘듭니다.

이런 이유에서 재생에너지의 비중이 높아질수록 전기 공급이 안 되는 시기에도 전기를 생산할 시설이 필요합니다. 앞으로 석탄 화력발전이 사라진다면 그나마 깨끗한 천연가스 화력발전이 널리 사용될 것입니다. 재생에너지로 완벽하게 바뀔 때까지 원자력발전을 이용할 수밖에 없다는 주장도 있습니다.

전기를 생산하는 여러 방법에는 각각 장단점이 있습니다. 태양광, 풍력, 화력, 원자력 중 하나만을 선택하는 식으로 문제를 해결할 수는 없습니다.

유럽은 재생에너지를 늘리고 남아도는 전기로 수소를 생산해서 수소차로 경제를 키우겠다는 계획을 밝혔습니다. 우리나라는 에너지 저장 시스템(ESS)과 태양광 기술, 2차전지 분야와 수소에너지 기술 등에서 이미 세계적 수준에 올라와 있습니다. 지금은 각 지역의 환경에 맞는 에너지를 적절하게 개발하면서 재생에너지 비중을 늘리는 방안을 찾고 있습니다.

국내 기업들은 해외의 태양광발전과 풍력발전, 수력발전 설비 등 재생에너지에 투자를 늘리고 있습니다. 기후변화와 탄소중립에 대응할 시간이 얼마 남지 않았습니다.

✱ 토론해 볼까요? ✱

· 기후위기에 대응해 우리가 실천할 수 있는 일은 무엇일까요?

· 여러분이 새로운 에너지를 만든다면 무엇을 이용해서 만들지 상상해 보세요.

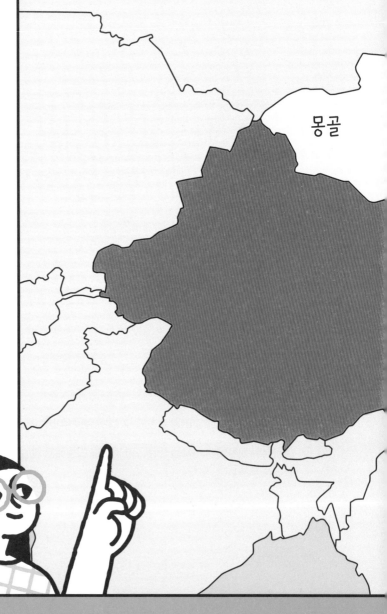

3

동아시아

몽골

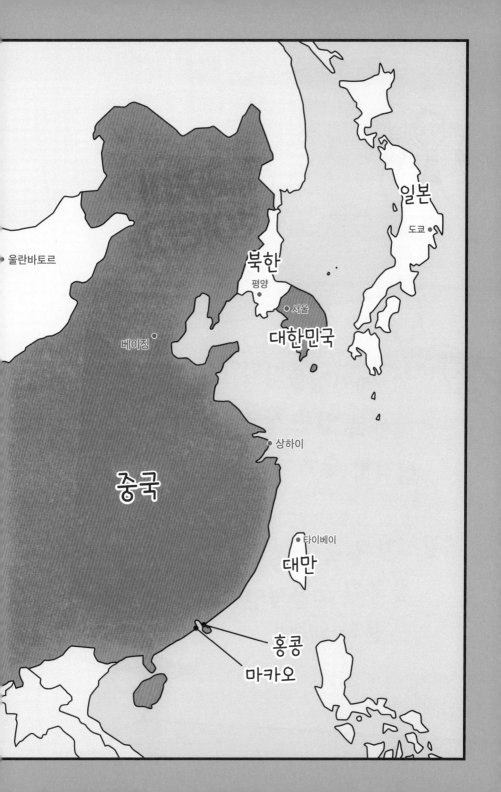

한복, 김치가 중국 것이라고?

"베이징올림픽에
한복 입은 중국인?
심각한 중국의 동북공정"

"김치가 중국 전통 음식?
중국의 노골적인
문화 왜곡"

강이 중국이 우리나라의 한복을 '한푸'라고 홍보한다는 뉴스를 봤어.

별이 한푸로 소개하는 게임도 있어. 중국 드라마에서 한복 입고 갓 쓴 사람도 나왔는데 너무 어색하더라.

산이 중국에서는 김치를 중국의 채소 절임인 '파오차이'로 표기한다더라.

별이 우리나라는 김치냉장고까지 발명해서 쓸 정도인데, 우리가 원조인지 잘 모르나 봐.

강이 고구려, 발해도 중국 역사로 소개한다며?

산이 우리나라가 일본과 역사 문제로 다투면 중국이 우리 편을 들어 일본을 함께 비난했잖아. 요즘에는 중국이 왜 저러는지 모르겠어.

강이 웬만한 건 다 자기네 거라고 우기는 거네. 경제적으로 이득이 있어서 그런 걸까? 아니면 정치적인 이유일까?

중국은 늘 '하나의 중국'을 내세웁니다. 왜 그렇게 '하나'를 강조할까요? 현재의 중국은 한족을 비롯해 56개의 민족으로 구성된 다민족 국가입니다. 그래서 소수민족이 독립하면서 나라가 쪼개질까 봐 눈에 불을 켜고 감시하고 있습니다. 거대한 공산주의 제국이었던 소련이 하루아침에 여러 민족국가로 쪼개지는 것을 보았으니까요. 중국 공산당 정부는 만약 한 소수민족이라도 독립하면 중국이 소련처럼 분열될 수 있다는 위기의식을 느낍니다.

많아도 너무 많은 다민족의 나라

중국의 민족은 공식적으로 56개지만 등록된 소수민족은 400개가 넘습니다. 그중 한족의 인구 비율이 92%로 압도적으로 많습니다. 소련처럼 소수민족의 비율이 높지 않으니 걱정할 필요가 없어 보이죠? 하지만 몇 가지 문제가 있습니다.

첫째, 한족을 제외한 55개의 소수민족은 인구의 10%도 안 되지만 중국 인구는 14억입니다. 소수민족 중에서 쫭족(장족)은 1,800만 명이 넘고, 먀오족(묘족)도 900만 명 정도입니다. 독립운동이 활발한 위구르족 1,200만 명, 내몽골의 몽골족 400만 명, 티베트족도 550만 명 정도로 적지 않습니다.

둘째, 한족은 전통적으로 살기 좋은 서남부 평야와 해안 지대에 모여 있습니다. 소수민족이 많은 지역이 모두 독립하게 되면 중국의 영토는 반 토막이 납니다. 분리 독립운동이 심각하게 벌어지는 소수민족 자치구는 면적이 가장 넓은 세 곳입니다. 신장 위구르 자치구, 시짱(티베트) 자치구, 네이멍구(내몽골) 자치구인데,

이곳들은 자원이 풍부하고 군사적으로도 중요합니다.

셋째, 네이멍구 자치구의 몽골족은 몽골, 연변 조선족 자치주의 조선족은 한국이라는 같은 민족의 국가와 국경이 접해 있습니다. 위구르족도 같은 투르크멘이라는 민족이 사는 중앙아시아 나라들과 연결됩니다. 중국 정부는 이 지역들이 주변 상황에 따라

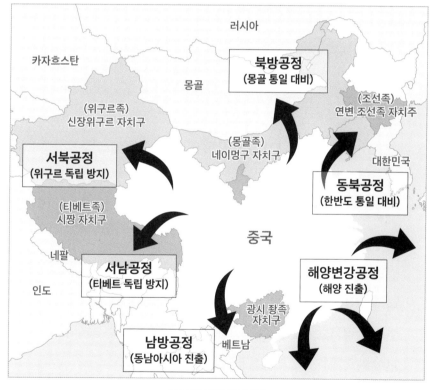

중국의 지리와 역사공정

독립할 가능성이 높다고 걱정합니다.

중국에 나라를 빼앗긴 티베트의 경우, 현재 지도자인 달라이 라마 14세가 인도로 도피해서 망명정부를 세웠고 티베트 독립운 동이 이어지고 있습니다.

소수민족이 많아도 중국은 하나?

중국은 덩샤오핑 시절(1981~1989년)에는 소수민족 우대 정책을 펼 쳤습니다. 중국인으로서 한족과 어울려 살도록 하기 위한 정책이 었죠. 중국의 인구 폭발을 막고자 한 자녀만 낳도록 강제할 때도 소수민족은 두 자녀를 허용했습니다. 지금은 노동력마저 부족해 져 한족과 소수민족 모두 세 자녀까지 허용하고 있습니다.

중국 정부는 낙후된 내륙 지역을 지원하면 경제적으로 발전해 분쟁이 줄어들 거라고 기대했습니다. 하지만 현실은 그렇지 않았 습니다. 이들 지역에서 대규모 시위가 일어나자 정부는 티베트족 과 몽골족이 믿는 불교, 위구르족이 믿는 이슬람교가 문제의 원 인이라 여기고 종교를 더욱 탄압했습니다. 특히 위구르족에 대한 탄압은 국제적으로 비난을 받고 있죠.

현재 중국의 주석인 시진핑이 최고 지도자의 자리에 오른 뒤,

중국은 다양한 언어를 무시하고 베이징어만을 공식 언어로 인정하며 중화주의를 더 강조하고 있습니다. 소수민족에 대한 경제적 지원 정책이나 대입 시험 가산점 제도도 없앴습니다. 몽골족은 학교에서 몽골어를 배우지 못하게 되었고, 조선족은 한국어를 선택과목으로 외국어처럼 배우게 했습니다.

중국은 한족을 소수민족의 자치구로 이주시켜서 한족의 수를 늘리려 하고 있습니다. 그렇게 하면 그 지역들도 한족이 다수가 되면서 소수민족들의 독립이 어려워지기 때문이죠. 하지만 이주한 한족이 소수민족을 무시하고 지역의 상권을 장악하면서 갈등은 더 심해졌습니다.

몽골의 칭기즈칸이 중국의 영웅?

중국은 '위대한 중국(중화)'과 '하나의 중국'을 내세우기 위해 작업을 시작합니다.

첫째, 중국의 역사를 늘리고자 합니다. 중국 문명이 위대해지려면 가장 오래된 문명으로 만드는 게 유리하니까요. 이를 위해 다른 나라의 고대 전설이나 신화를 중국의 역사로 가져오기 위해 연구합니다.

둘째, 지리적으로 중국 영토를 정리하고 넓히는 작업입니다. 현재 중국의 영토에서 시작된 모든 것을 중국의 역사와 문화로 보고 주변 지역을 중국의 땅으로 삼고자 합니다.

처음에는 바다부터 시작했습니다. 중국은 1947년부터 지도에 선을 그어서 남중국해의 80%가 역사적으로 중국의 바다라고 주장해 왔습니다. 지금도 동남아시아 나라들과 분쟁을 이어 가면서 남중국해가 중국의 바다라고 억지를 부리고 있죠. '해양변강공정'이라는 연구 사업을 통해서는 대만, 하이난섬, 오키나와, 우리나라의 이어도까지 중국 영토의 일부라고 주장하고 있습니다.

중국은 또 '서남공정'으로 티베트가 항상 중국의 일부였다고 주장합니다. 티베트는 당나라를 위협한 제국인 토번이 있던 곳인데, 1951년 중국에게 강제로 편입되어서 지금도 독립운동을 펼치고 있습니다.

'북방공정'을 통해서는 몽골 지역을 중국의 영토로 바꾸려 하고 있습니다. 몽골에서 빼앗은 네이멍구 자치구의 영토 분쟁을 막기 위해서죠. 그래서 중국 드라마에서 몽골 제국의 왕인 칭기즈칸이 중국의 영웅으로 소개되기도 합니다.

'서북공정'으로는 신장위구르 자치구가 기원전 60년부터 중국이 통치해 온 지역이라고 주장하며 독립은 꿈도 꾸지 못하게 감시와 탄압을 하고 있습니다.

베트남도 중국의 손아귀에서 벗어나지 못합니다. 1997년부터 '남방공정'을 통해 미얀마, 태국, 베트남 접경 지역을 중국의 땅으로 정리하고, 고대 베트남인 남월(남비엣)을 중국의 지방 정권이라고 주장합니다. 베트남과는 아직도 국경과 바다에서 영토 분쟁이 이어지고 있으니 미래를 대비하는 것이죠.

한국도 중국 땅이라고?

동북공정은 2002년부터 5년간 진행된 연구 사업입니다. 만주에 해당하는 동북 3성(헤이룽장성, 지린성, 랴오닝성)에서 시작된 모든 민족의 역사를 중국 역사로 조작하는 작업이었죠. 동북공정에 따르면 고조선, 부여, 고구려, 발해가 모두 중국의 역사로 변합니다. 중국은 2000년에 남한과 북한의 정상이 직접 만나서 악수를 하는 등 남북 관계가 좋아지는 모습을 보면서 불안을 느꼈죠. 동북공정은 한반도의 남북한이 통일될 때를 대비하려는 겁니다.

중국은 한국이 동북공정에 강하게 항의하자 학문적 연구일 뿐 당국의 입장은 아니라며 우리를 안심시켰습니다. 그러나 중국은 중앙 정부가 목표를 정하고 시작한 사업이라면 원하는 결과에 이를 때까지 100년을 내다보고 진행합니다. 우리가 관심을 두지

않은 사이 중국은 고구려 유적을 유네스코(UNESCO, 국제연합 교육
과학문화기구) 문화유산으로 등재하고, 발해까지 중국 역사로 둔갑
시켰습니다. 전 세계 주요 역사서에서 고구려와 발해를 중국사로
바꾸려는 거였죠. 중국은 오히려 한국이 고구려와 발해를 자기
역사로 우기고 있다고 선전합니다. 다행히 남북협력으로 북한이
고구려 고분을 유네스코에 올렸습니다.

중국은 윤동주 시인도 중국 저항 시인으로 소개하고 있습니다.
이런 일이 수십 년만 이어져도 세계인들은 중국의 말을 믿게 될
수 있습니다.

'하나의 중국'을 위한 무리수

중국이 김치와 한복 등 우리나라의 전통을 중국의 전통으로 알리
고 있다는 뉴스를 들어 봤을 겁니다. 예전에는 일본과 김치를 두
고 '기무치' 논란도 있었죠. 이제 김치는 국제표준으로 등록되어
서 중국이 김치를 표기할 때 쓰는 '파오차이'와도 구분됩니다.

한국, 중국, 일본은 지리적으로도 가까워서 사람과 문화가 오
가면서 서로 영향을 받기 쉽습니다. 현재 조선족이 살고 있는 만
주 지역도 넓게 생각해 보면 고구려를 비롯해 여러 국가와 민족

이 다양한 문화를 교류한 곳입니다. 중국으로서는 베이징올림픽 개막식 때 조선족이 우리나라 전통 한복을 입고 등장하는 것이 자연스러운 일입니다. 중국인이 김치를 만들어 세계에 수출하고, 외국에 한식당을 열어서 돈을 버는 것도 비난할 일이 아닙니다. 한국인도 외국 요리를 수출하고, 세계 여러 나라의 음식을 파는 식당을 열고 있으니까요.

안타까운 것은 중국이 소수민족을 '통일적 다민족 국가론'으로 묶으면서 무리수를 두었다는 겁니다. 중국 정부는 다양한 민족을 중국이라는 이름 아래 하나로 단단히 엮으려고 현재의 영토와 지리를 기준으로 역사를 정리해 버렸습니다. 소수민족의 역사와 문화를 모두 중국 것이라고 주장하다 보니 주변 나라들과 역사 전쟁까지 벌이게 된 거죠.

중국이 그러지 않았다면 어땠을까요? 아시아의 역사와 민족에 관한 풍부한 사료를 나누며 연구하고 교류하면서 협력할 수 있었을 겁니다. 하지만 중국은 문화대혁명(1966~1976년) 때 공산당 사상에 맞지 않는다며 공자의 무덤까지 파헤칠 정도로 거의 모든 문화유산을 파괴한 역사가 있죠. 이제 경제 대국이 되어 돈은 있지만 사상 검열이 심해서 자국에서 예술가들이 사회 비판적이고 창의적인 작품을 만들기 어렵습니다. 영화나 문학도 중국을 찬양하는 내용이 주를 이룹니다.

중국은 분열되는 것을 가장 두려워합니다. 분열을 막고 공산 체제를 유지하기 위해 '하나의 중국' 사상을 계속 밀고 나갈 것입니다.

☀ 토론해 볼까요? ☀

· 중국이 주변 나라들의 역사를 자기네 것으로 만들어 얻으려는 것은 무엇일까요?

· 중국의 동북공정에 대응해 우리가 할 수 있는 일은 무엇이 있을까요?

과연 중국은 대만을 침략할까?

"중국,
대만의 무력 시위에
전투기 추가 투입"

"대만, 중국군 침공에
대비해 훈련"

"미국,
대만해협의 평화
유지해야 할 것"

강이 중국은 왜 자꾸 대만을 공격하겠다는 걸까?

산이 대만은 중국 땅이니까 독립하려고 하지 말라는 거지.

별이 중국이 군대를 동원하면 대만은 섬이라 금방 점령되지 않을까?

산이 섬이라서 더 어려울걸. 대만이 지리적으로 중요한 위치니까
     미국도 도와줄 거고.

강이 아 맞아! 대만에 TSMC가 있지!

별이 TSMC? 그게 뭐야?

산이 반도체 회사야. 모든 산업에 꼭 필요해서 세계적으로 중요해.

강이 역시, 경제적인 이유도 있었어. 우리나라와 가까운 나라인데
     전쟁이 나면 우리는 어떻게 해야 하지?

대만(타이완)은 동남아시아와 동북아시아의 경계 지역에 있습니다.
남중국해와 동중국해를 오가며 무역하기에 유리한 위치죠.

  면적은 우리나라의 3분의 1이 조금 넘고, 인구는 2,400만 명
정도여서 세계적으로 인구밀도가 높습니다. 동쪽에는 남북을 가
로지르는 산맥이 있고, 높이 3,000m가 넘는 산들이 수백 개나
될 정도로 지형이 험합니다. 여러 강줄기가 흐르는 넓은 서부 평
야에 대도시와 인구가 집중되어 있습니다. 대만이 반도체로 유명

한 건 알고 있죠? 반도체와 디스플레이 공장도 서부에 있습니다. 한편 대만도 일본처럼 환태평양 조산대에 위치해서 지진이 자주 일어납니다.

대만은 왜 일본을 좋아해?

대만은 우리나라처럼 식민지를 거쳐 경제가 급성장한 민주주의 국가입니다. 우리와 다른 점은 독립국가를 이루지 않은 상태에서 수많은 세력의 지배를 받았다는 것입니다. 스페인, 네덜란드, 청나라, 일본, 중국의 국민당 정부로 지배 세력만 계속 바뀌었죠.

1895년 일본이 청일전쟁에서 승리하면서 대만은 일본의 식민지가 됩니다. 일제는 대만을 우리만큼 심하게 탄압하지는 않았지만, 다양한 식민지 실험을 했습니다. 근대적인 교육 제도와 병원, 도로망, 수리시설 등 기반시설을 닦았습니다. 대만해협의 해적 떼도 사라지고 일본 경찰이 들어와 치안도 좋아지고 생활도 안정되었습니다.

제2차 세계대전에서 일본이 패망하면서 1945년 대만은 중국에 반환됩니다. 당시 중국은 장제스가 이끄는 국민당 정부였고, 대만이 중국 땅이 되자 많은 중국인이 대만으로 이주했습니다.

중국에서는 1927년부터 장제스의 국민당과 마오쩌둥이 이끄는 공산당이 싸웠습니다. 일본의 침략으로 두 세력이 손을 잡기도 했지만, 일본군이 사라지자 국민당과 공산당은 본격적으로 내전을 벌였죠. 국민당은 부정부패로 민심을 잃으며 패배했고, 공산당은 1949년 '중화인민공화국'을 선포합니다. 이로써 중국 대륙에서 밀려난 국민당 군대와 공산당을 피하려는 수백만 명의 피난민이 대만으로 넘어오게 됩니다. 국민당의 장제스는 대만에 독립국인 '중화민국'을 선포합니다.

지금도 대만인들은 일본에 좋은 감정이 있습니다. 일본 제품과 애니메이션, 게임 등 일본의 문화도 즐깁니다. 일제 시절이 그나마 다른 세력의 지배 아래 있을 때보다 살만했기 때문입니다. 1950~1960년대부터 일본의 지원을 받아 빠르게 성장을 하다 보니 일본 덕분에 잘살게 되었다는 생각이 흔합니다.

형제였다가 돌아선 한국

대만과 우리나라는 무척 관계가 깊습니다. 1932년 상하이 홍커우공원에서 열린 일왕의 생일과 전쟁 승리를 축하하는 기념식에서 윤봉길 의사가 폭탄을 던져 일제에 큰 피해를 주었습니다. 장제스는 윤봉길 의사의 영웅적 행동에 감명을 받았다고 했습니다. 이때부터 중국 국민당은 김구가 이끌던 대한민국 임시정부를 지원했고, 1943년 카이로회담에서는 미국과 영국을 상대로 일제 패망 이후 조선 독립을 인정하도록 설득했습니다.

장제스는 1945년 한국이 독립한 후에도 김구와 임시정부 요인들의 환송과 대한민국 정부 수립을 도왔습니다. 1949년 미국에 이어 두 번째로 대한민국을 국가로 승인하고 공식적인 외교 관계를 수립하기도 했습니다.

1949년 대륙을 통일한 중국 공산당은 국가를 정비하고 바로 대만을 공격하려 했습니다. 하지만 1950년 한국전쟁이 일어나자 미국이 대만마저 공격당하지 않도록 대만해협에 제7함대를 배치하면서 중국은 대만을 정복할 기회를 놓칩니다. 한국전쟁 이후에도 한국과 대만은 공산주의에 반대하는 뜻을 같이하며 경제적으로 협력했습니다. 두 나라는 형제처럼 친하게 지냈습니다.

대만은 1971년 10월까지 국제연합(UN, 유엔) 안전보장이사회의 상임이사국이었습니다. 하지만 소련을 견제하기 위해 미국이 중국을 자기편으로 끌어들이면서 대만 대신 중국이 그 자리를 차지하게 됩니다. 대만과 군사 동맹국이던 미국마저 중국이 요구하는 '하나의 중국' 원칙을 인정해 준 겁니다. 미국뿐 아니라 세계 여러 나라가 거대한 중국 시장을 탐내며 대만을 버렸습니다. 중국 정부가 수교의 조건으로 대만과의 단교를 요구했기 때문이죠.

　대만은 1971년 유엔에서 퇴출되고 1972년에는 일본, 1979년에는 미국과 외교 관계를 끊었습니다. 하지만 한국은 오랫동안 대만을 '자유중국'이라고 부르며 국교를 유지해 왔습니다. 당시 대만에 남은 가장 중요한 수교 국가가 사우디아라비아, 남아프리카공화국, 한국이었습니다. 하지만 우리나라도 1992년 대만과 관계를 끊고 중국과 수교하기 시작했습니다. 명동에 있던 중화민국 대사관은 중화인민공화국 대사관으로 바뀝니다. 또 중국의 요구에 따라 대만을 '중화민국'이라 부르지 않고 '대만'으로 부르게 되었습니다. 당시 한국의 노태우 정부는 끝까지 친구를 버리지 않겠다고 말했지만 갑작스럽게 단교했기 때문에 대만이 받은 충격은 더 컸습니다.

대만은 미국한테도 중요해

중국은 서양 세력에게 빼앗겼던 홍콩과 마카오를 되찾았고, 이제 마지막 남은 곳이 대만이라고 생각합니다. 대만은 미국에게도 중요합니다. 미국은 본토의 안전을 위해서 경쟁국인 중국이 태평양으로 세력을 키워 나가는 것을 경계하기 때문입니다. 그렇다면 중국을 경계하기 위해 왜 대만이 중요할까요?

첫째, 대만은 중국을 코앞에서 견제하기 좋은 위치에 있습니다. 중국은 태평양에 있는 섬들을 이은 가상의 선인 '도련선(열도선)'을 긋고, 태평양으로 진출하기 위한 해군 작전 반경을 정했습니다. 미국 입장에서는 이 도련선이 중국 해군력의 팽창을 막는 저지선이 됩니다. 제1 도련선은 일본과 대만, 필리핀 등 중국 본토 근해 지역이고, 제2 도련선은 그보다 바깥의 서태평양 연안 지역을 포함합니다.

중국은 제1 도련선 안의 동중국해와 남중국해에서 미국을 몰아내고, 이후 제2 도련선까지 장악하고자 합니다. 이 목표를 이룬다면 중국은 아시아를 장악하고 미국을 넘어서는 패권국이 될 수 있습니다. 중국은 각종 전함과 미사일을 개발하며 해군력을 키워왔습니다. 이제는 일본의 해군력을 넘어섰다고 평가받죠.

동중국해와 남중국해의 중심에 있는 대만을 중국이 차지한다면 어떻게 될까요? 중국의 해군이 태평양으로 세력을 넓히기가 아주 쉬워집니다. 중국은 남중국해에서 여러 암초와 섬을 점령하고 군사기지를 계속 늘려 가고 있습니다. 만약 중국이 대만마저 차지한다면 중국 잠수함이 쉽게 태평양으로 진출하게 됩니다. 멀리 괌과 하와이에 있는 미군 기지를 위협할 수도 있죠. 중국 해안은 수심이 얕지만 대만 동쪽 해안은 수심이 깊습니다. 이곳에 잠

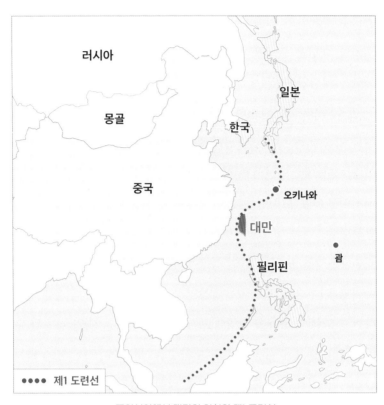

동아시아에서 대만의 위치와 제1 도련선

수함 기지를 만들면 미국과 일본의 해군이 중국의 잠수함을 추적하기가 어렵습니다.

　둘째, 대만의 경제가 중요하기 때문입니다. 대만은 한국과 함께 세계적인 첨단 반도체 생산 기지입니다. 스마트폰부터 자동차까지 대부분의 전자기기에는 반도체 칩이 들어갑니다. 대만에는 세계에서 사용되는 반도체 칩의 절반 이상을 생산하는 기업인 TSMC가 있습니다. 만약 중국이 대만의 반도체 기술마저 차지한다면 중국의 산업과 군사력은 날개를 단 듯이 성장할 겁니다.

중국과 대만이 전쟁을 하면?

미국은 외교적으로 대만이 아닌 중국과 공식 관계를 맺고, '하나의 중국' 정책을 고수하고 있습니다. 그럼 중국과 대만이 전쟁을 벌이면 미국은 러시아의 우크라이나 침공에서처럼 군사적으로 직접 개입하지 않을까요?

우크라이나는 미국에 테러를 일으키거나 에너지 생산에 영향을 주는 나라가 아닙니다. 미국의 이익에 절대적으로 중요한 지역이 아닌 거죠. 대만은 사정이 다릅니다. 대만의 첨단 반도체 생산 기지를 지키기 위해서나 중국이 태평양으로 진출하는 것을 막기 위해 미국이 끼어들 가능성이 큽니다.

일본도 가만히 있지 않을 겁니다. 일본은 제2차 세계대전을 일으킨 전범 국가여서 침략 전쟁은 못 하지만, 자국을 방어하기 위해 주변 나라의 분쟁에 개입할 수는 있습니다. 대만이 무너지면 센카쿠 열도부터 오키나와까지 일본의 난세이제도가 줄줄이 위험에 빠집니다.

일본은 중국이 남중국해에 인공 섬을 지어 군사기지로 만드는 것을 보고 주요 섬마다 미사일 기지나 레이더 기지를 설치했습니다. 중국의 동중국해 진출을 막으려는 거죠. 이런 상황은 대만이 일본과 가깝게 지내는 이유 중 하나입니다.

미국도 오키나와, 괌, 싱가포르, 평택의 미군 기지에 있는 군사력을 동원할 것입니다. 미군이 들어와 있는 우리나라도 중국과 대만의 전쟁에 어떤 방식으로든 참여하게 될 가능성이 큽니다. 꼭 전투 병력을 보내지 않더라도 말이죠.

중국은 미국과 유럽의 강력한 제재를 받으며 경제적 어려움을 겪게 될 것입니다. 만약 중국이 대만을 차지하더라도 미국은 남중국해에 있는 중국의 인공 섬들을 폭파해 버릴 수 있습니다. 그렇게 되면 중국이 전 세계에서 중요한 교역로인 남중국해를 장악하기가 어려워지죠.

중국의 대만 상륙, 쉽지 않을걸?

세계 3위의 군사 강국인 중국은 대만의 군사력을 압도합니다. 중국 인민군은 200만 명이 넘습니다. 대만의 10배 규모에 달하죠.

대만을 조준하고 있는 미사일도 1,400기나 됩니다. 순식간에 대만을 공격할 수 있습니다. 이렇게 보면 전쟁이 금방 끝날 것 같지만 대만은 육지가 아닙니다. 중국과 대만 사이에는 131~180km 너비의 대만해협이 있습니다. 거리가 꽤 멀죠. 그러므로 바다를 건너 상륙까지 하려면 엄청난 전력으로 밀어붙여야 합니다.

중국군 몇십만 명이 배를 타고 대만의 서부 평야에 내리려면 공중을 장악해야 합니다. 중국에서 미사일 공격을 하더라도 동부 산악 지대에 있는 공군 기지는 지형 때문에 파괴하기가 어렵습니다. 바로 전투기의 반격을 받을 수 있죠.

중국이 상륙 작전을 펼치기에는 대만군의 방어 능력도 만만치 않습니다. 다양한 미사일을 보유하고 있어서, 대만이 중국의 주요 시설을 공격하면 중국도 크게 피해를 입을 겁니다. 더구나 대만이 미국과 미국 동맹국, 일본 해군의 지원까지 받으면 중국의 공격은 더 성공하기 어렵습니다. 그러나 중국과 대만, 미국을 비롯한 여러 나라는 실제로 전쟁이 일어나길 바라지 않습니다. 만약 전쟁이 일어나면 세계 경제와 안보에 큰 영향을 미치게 되기 때문입니다.

중국은 전쟁을 벌이지 않더라도 대만을 꼼짝 못 하게 하는 방법이 있습니다. 전투기와 함대를 동원해 대만의 하늘과 바다를 막아 버리는 거죠. 실제로 2022년 미국 하원의장이 대만을 방문하자 중국은 대만을 봉쇄하는 군사 훈련을 실시했습니다.

대만해협은 세계에서 가장 중요한 해상 통로입니다. 이곳을 지나는 화물선의 안전이 위협받으면 국제 공급망이 타격을 입게 됩니다. 대만뿐만 아니라 세계 경제도 위기에 빠지게 됩니다.

독립하고 싶은 대만의 운명은?

대만인의 98%는 중국의 한족에 가깝습니다. 하지만 대만은 둘로 분열되었습니다. 오래전부터 중국 대륙에서 넘어와 지낸 사람들은 '본本성인'이라고 하고, 1947년 이후 국민당 군대와 함께 대규모로 넘어온 중국인들은 '외外성인'이라고 부릅니다. 자신을 중국인이라고 생각하는 외성인과 대만인이라고 생각하는 본성인으로 나뉘는 것이죠.

반공反共을 내세우며 중국 공산당과 대립하던 국민당은 이제 친중국 세력이 되었습니다. 중국 본토와 대만은 하나이고 통일해야 한다는 생각이 강하기 때문입니다. 반면 과거 야당이었던 민진당은 대만이 중국과 역사가 전혀 다른 독립국가라고 주장합니다.

대만에서는 언젠가 중국과 통일할 것이라는 분위기가 우세했습니다. 1997년 영국이 홍콩을 중국에 반환할 때 중국은 일국양

제(한 나라 두 체제)를 내세우며 영국과 홍콩 주민들을 달랬습니다. 공산주의와 자본주의로 체제가 다르지만 50년 동안 사회·경제적인 면에서 두 체제를 유지하겠다고 약속했죠. 중국은 대만을 설득했습니다. 홍콩처럼 평화롭게 통일하면 함께 번영할 수 있다고 말이죠. 통일 이후 홍콩은 더욱 번성했고, 대만도 그렇게 될 것이라는 기대가 퍼져 있었습니다. 대만과 중국 간에 교류가 많아지고 대만인의 중국 투자와 취업이 늘면서 경제적으로도 두 나라는 하나가 되어 가고 있었습니다.

하지만 중국의 압력을 받으면서 대만 국민들은 민진당을 지지하게 되었습니다. 특히 민주적인 환경에서 자유롭게 자란 젊은 세대는 중국 공산당 정부를 싫어합니다. 자유를 외치는 홍콩 시민들을 탄압하고 국가보안법을 만들어서 강압적으로 통제하는 것을 보았으니까요. 자국 내에서 대만의 독립을 지지하는 목소리가 높아졌습니다. 그러자 중국에서는 인민해방군 창군 100주년인 2027년까지 무력으로라도 대만을 합병해야 한다는 주장까지 나왔습니다. 러시아가 우크라이나를 공격했듯이, 중국이 대만도 공격하지 않을까 국제 사회의 우려가 커지고 있습니다.

전쟁이 일어나지 않으면 대만은 완전히 독립할 수 있을까요? 만약 중국의 경제력이 미국을 능가할 정도로 성장해 아시아의 패권을 차지한다면, 대만에서도 중국과 통일하자는 세력이 늘어날 것입니다. 대만과 대만해협은 세계 경제와 정치에 매우 중요한 곳입니다. 중국과 대만의 관계가 어떻게 될지 전 세계가 주목하고 있습니다.

★ 토론해 볼까요? ★

· 중국이 대만을 침공한다면 우리나라는 어떻게 대처해야 할까요?

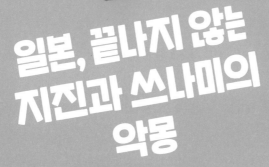

일본, 끝나지 않는 지진과 쓰나미의 악몽

"통가 화산 폭발 일본 열도 덮친 쓰나미 공포"

"일본 방사능 오염수에 노출된 농수산물 안전할까?"

강이 일본에 쓰나미 온 거 봤어? 바닷물이 해안가 마을을 집어삼키는데 무섭더라.

별이 일본은 지진도 자주 나고 쓰나미 피해도 크네. 지리적으로 특별한 이유가 있나 봐.

산이 일본은 태평양에 접해 있으니까 바다에서 지진이 나면 쓰나미가 밀려오지.

별이 그럼 우리나라는 일본 열도가 쓰나미를 옆에서 막아 주는 위치니까 큰 피해는 없겠네.

강이 별이야, 과연 쓰나미가 한쪽에서만 올까?

산이 원자력발전소 피해도 문제야. 예전에 일본에서 쓰나미 때문에 원전이 폭발해서 방사능에 오염된 물이 바다로 흘러들었잖아.

별이 우리가 바닷물을 먹진 않잖아.

강이 방사능에 오염된 물고기를 먹으면 좋겠냐?

산이 그러네. 결국 남의 비극이 나에게도 해가 되는구나!

일본이 지진과 화산 활동이 많다는 사실은 잘 알고 있죠? 특히 일본은 세계에서 가장 지진이 자주 발생하는 곳입니다. 지구의 표면을 이루는 지각판은 맨틀 위에서 서서히 움직이고 있습니다. 맨틀 위를 떠다니는 한 지각판이 다른 지각판과 부딪치는 곳에서

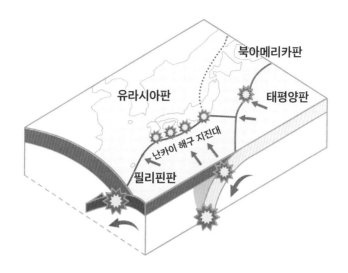

4개의 지각판이 부딪치는 곳에 있는 일본

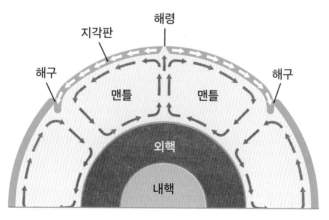

맨틀의 대류와 지각판의 이동

는 지진과 화산 활동이 활발하게 일어납니다. 그중 가장 심한 곳이 '불의 고리'로 불리는 태평양을 둘러싼 환태평양 조산대죠. 일본은 바로 이 환태평양 조산대에 있고, 무려 4개의 지각판이 부딪치는 곳이어서 강력한 지진이 자주 발생합니다.

지진과 화산 폭발의 공포

일본은 1923년 간토(관동) 대지진, 1995년 고베(한신) 대지진 등 최악의 지진 피해가 주기적으로 나타납니다. 일본에는 현재 111개의 활화산이 있습니다. 후지산은 100년 주기로 분출을 해왔는데 지난 300년간은 활동이 없었습니다. 그런데 최근 저주파 지진이 잦아서 지진학자들은 화산 폭발을 걱정하고 있습니다. 일본의 도시에는 많은 사람이 살고 있어서 각종 시설과 고층 건물이 들어서 있습니다. 3개의 지각판이 만나는 도쿄에서 다시 대지진이 발생하거나, 가까운 후지산이 폭발한다면 그 피해 규모를 상상하기 어렵습니다.

보통 대규모 화산 폭발이 얼어나면 화산재가 주변 지역을 뒤덮는 것은 물론이고, 성층권까지 올라가 햇빛을 가려서 몇 년 동안 농업에 피해를 줍니다. 심한 흉년이 이어져 국제 농산물 시장이 어려움을 겪을 수도 있습니다.

30cm 쓰나미가 그렇게 위험해?

쓰나미는 '지진해일'을 일컫는 일본말인데, 전 세계가 이 표현을 쓰고 있습니다. 대부분의 쓰나미는 바다에서 지진이 일어나고, 그 위의 바닷물이 출렁이면서 파동이 생겨 발생합니다. 해안가로 밀려올수록 수심이 얕아지고 속도는 줄지만, 파도가 높아지면서 해안을 덮칩니다. 그 밖에도 화산 폭발로 산사태가 나서 생겨나는 쓰나미도 10% 정도 됩니다. 산사태로 500m가 넘는 쓰나미가 발생한 경우도 있었습니다.

쓰나미는 보통의 파도와 다릅니다. 바닷물이 거대한 벽처럼 밀려오기 때문에 30cm 높이만 돼도 사람이 서 있기 힘들고 죽을 수도 있습니다. 1m가 넘으면 차가 떠내려가고, 휩쓸린 사람은 대부분 사망합니다. 쓰나미 예보가 없던 시대나 낙후된 지역에서는 바람도 없는 날에 갑자기 밀려온 쓰나미로 피해가 컸습니다.

일본에서 최근 쓰나미 공포가 커진 것은 '3·11 대지진'으로 불리는 2011년 동일본 대지진의 영향 때문입니다. 당시 가장 높게 밀려온 쓰나미는 이와테현의 쓰나미로, 빌딩 4~5층 높이인 약

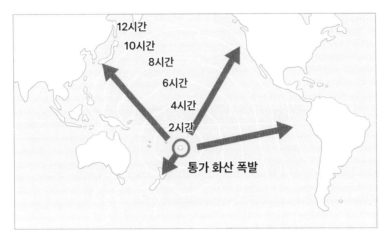

통가 화산 폭발로 인한 쓰나미가 주변 나라들에 도달하는 시간

17m에 달했습니다. 해안이 복잡하거나 수심이 갑자기 깊어지거나 얕아지는 등 지형의 영향을 받은 곳은 쓰나미의 최대 도달 고도가 40m를 넘었다고 합니다.

쓰나미는 거대한 바다를 건너서 밀려오기도 합니다. 2022년 1월에는 남태평양에 위치한 나라인 통가 근처의 해저 화산이 폭발해서 쓰나미가 일어났습니다. 통가는 호주 지각판과 태평양 지각판의 경계에 있습니다. 통가와 멀리 떨어진 일본에서는 3m 높이의 쓰나미가 온다는 쓰나미 경보를 내렸고 23만 명이 대피했습니다. 다행히 1m 미만의 쓰나미가 대부분이어서 사망자는 없었습니다. 재난은 대비할수록 피해를 줄일 수 있습니다.

동아시아

우리나라는 쓰나미 안전지대일까?

쓰나미가 가장 자주 일어나는 곳은 어디일까요? 태평양 가운데 있는 섬, 하와이입니다. 하와이는 환태평양 조산대에 둘러싸여 있어서 어딘가에서 지진으로 발생한 쓰나미가 밀려오는 곳입니다.

우리나라는 태평양이 일본 열도로 막혀 있어서 쓰나미로부터 안전한 편입니다. 하지만 안전지대는 아닙니다. 대만 쪽에서 지진이 발생하면 우리나라 제주도와 남해안에 해일이 일어날 수 있습니다. 가장 취약한 곳은 동해안입니다. 우리나라 동해안이나 일본 서해안에서 지진이 나면 해일이 올 수 있습니다. 1983년과 1993년에 동해에서 규모 7 이상의 지진이 발생하면서 4m나 되는 해일이 밀려왔습니다. 동일본 대지진 이후에는 우리나라에서도 지진 발생이 늘어나는 추세이니 안심해서는 안 됩니다.

쓰나미가 발생하면 해안가를 떠나 무조건 고지대로 대피해야 합니다. 바닷물이 갑자기 쑥 빠져나갈 때도 바로 안전한 곳으로 이동해야 합니다. 워낙 빠르게 밀려오기 때문에 다가오는 해일을 보고 나서 피하기는 어렵습니다. 일본 서해안에서 지진이 발생한 후 우리나라 동해안에는 약 1~2시간 이내에 지진해일이 도달할 수 있으니 예보를 들으면 바로 높은 곳으로 피해야 합니다. 지진해일 특보가 발효되지 않았더라도 해안가에서 강한 지진이 느껴지면 국지적인 해일이 일어날 가능성이 있습니다. 2~3분 만에 해일이 밀려올 수 있으니 바로 대피해야 합니다.

대지진, 쓰나미, 그리고 원전 폭발

원자력발전소는 대부분 해안가에 많이 있습니다. 일본과 중국도 마찬가지고, 한국은 동해안에 3곳, 서해안에 1곳이 있습니다. 왜 원전은 바다 가까운 곳에 많을까요? 원자로를 식혀 주는 냉각재로 바닷물을 쓰기 때문입니다. 그렇게 만든 전기를 송전탑을 통해 멀리까지 공급하는 겁니다. 우리나라의 원자력발전소는 진도 6.5~7.0의 강진에도 견디도록 설계되었습니다. 일본 후쿠시마 원전 사고 이후에는 7.0 이상으로 내진 성능 기준이 강화되었죠.

2011년 후쿠시마 원자력발전소 방사선 누출 사고는 일어났을까요? 동일본 대지진으로 15m에 달하는 쓰나미가 원전을 덮쳤습니다. 바닷물이 밀려오자 원자로를 식히는 냉각 장치의 발전기가 침수되면서 작동이 멈췄습니다. 그 결과 연료봉이 과열되면서 수소 폭발이 일어났고, 방사성 증기가 누출되었습니다.

다행히 발전기의 냉각 기능을 정상화하고, 전력을 복구했지만 또 다른 문제도 있었죠. 사고를 수습하는 과정에서 고장 난 냉각 장치 대신 헬기와 소방차 등에서 뿌린 바닷물이 방사성 오염수가 되어 바다로 흘러 들어간 것입니다. 사고 이후 일본은 방사능 오염수를 저장하고 있었지만, 점점 보관할 장소가 부족해지자 고민하기 시작합니다. 방사능 오염수를 처리하는 등 여러 방법이 있지만 비용이 많이 들었죠.

2021년 일본 정부는 지역 주민과 어민 들의 반대에도 불구하고 방사능에 오염된 물을 바다로 흘려보내겠다고 선언했습니다. 만약 방사능 오염수가 계속 방출되면 빠른 해류를 타고 태평양 너머 미국 서부 해안까지 오염될 것이고, 1년이면 우리나라 해안까지 영향을 받게 됩니다. 전문가들은 후쿠시마의 방사능 오염수 문제가 앞으로 100년 이상 해결되기 어려울 것으로 봅니다.

우리나라는 국민의 안전을 위해 후쿠시마에서 생산된 수산물을 수입하지 않기로 했습니다. 일본은 부당하다며 세계무역기구(WTO)에 국제 소송을 제기했습니다. 우리나라가 소송에서 이겼지만 지금도 일본은 끊임없이 수입을 개방하라고 요구하고 있습니다. 일본은 후쿠시마 주변이 안전해졌다며 피난 갔던 지역민들을 불러들이기도 했습니다. 2021년 도쿄올림픽에서는 어려움을 극복한 일본의 모습을 과시하고 싶어 했습니다. 하지만 선수 식당에 후쿠시마산 농수산물을 공급해서 논란이 되었습니다.

원전이 집중된 동아시아, 공존을 생각할 때!

후쿠시마 원자력발전소와 비교되는 곳이 있습니다. 후쿠시마 원전보다 지진 진앙에 더 가까이 있는 오나가와 원자력발전소입니다. 이곳에도 13m의 쓰나미가 덮쳤지만, 발전소를 15m 높이에 지어서 안전했습니다. 우리나라 원자력발전소는 더 안전하다고 말하지만, 일본도 대비하지 않은 것이 아닙니다. 재난은 상상을 뛰어넘으므로 안전 기준을 더 높일 필요가 있습니다.

2030년에는 한·중·일에 약 200기의 원자력발전소가 운영되고, 전 세계 원자력발전소의 3분의 1 이상이 집중된다고 합니다. 특히 대기오염과 에너지 부족에 시달리는 중국이 원자력발전소를 빠르게 늘리고 있습니다. 우리나라 서해 맞은편에 이미 중국의 원자력발전소 10여 곳이 있습니다. 이곳에서 사고가 나면 편서풍을 타고 하루 만에 방사성 물질이 우리나라로 날아올 겁니다.

한·중·일 세 나라는 경쟁 관계지만 서로 힘을 합쳐 해결해야 할 문제가 많습니다. 한 나라만 잘한다고 해결되지 않습니다. 함께 위험을 극복해야만 안전한 미래를 맞을 수 있습니다.

	현재 운영 중인 원전(기)	2011년 사고 이후 변화(기)
미국	93	-11
프랑스	56	-2
중국	52	+39
러시아	38	+6
한국	23	+2
인도	21	+1
캐나다	19	+1
우크라이나	15	-4
영국	13	-2
일본	9	-39

주요 나라들의 원자력발전소 운영 상황

(자료 출처: 2021년 세계 원자력 산업 현황 보고서)

※ 토론해 볼까요? ※

· 앞으로 우리나라도 일본처럼 지진이 자주 일어난다면 어떻게 대비해야 할까요?

· 원자력발전을 안전하게 하려면 어떤 대비를 해야 할까요?

강이 일본은 노인 인구가 전체의 3분의 1이나 된대. 아기용보다 노인용 기저귀가 더 많이 팔린다는 뉴스를 봤어.

산이 지금 일본 걱정할 때가 아니야. 우리나라도 인구가 빠르게 감소하고 있고, 중국도 심각해지고 있대.

별이 특히 동아시아가 초고령사회로 가고 있는 거네.

강이 사람들이 아이를 안 낳으려는 이유가 뭘까?

별이 우리 엄마는 내 학원비가 많이 든다고 걱정하던데, 경제적인 이유가 제일 크지 않을까?

강이 꼭 그렇지도 않아. 우리 삼촌은 잘사는데도 결혼은 안 할 거래.

별이 인구가 줄면 대학 가기도 쉬워지고, 더 여유로워지지 않을까?

산이 숫자만 보면 안 되지. 노인만 있는 나라를 상상해 봐.

사람들이 아이를 낳는 비율인 출산율은 현재 전 세계적으로 점점 낮아지고 있습니다. 이유가 뭘까요? 대체로 경제가 발전하고 도시에 사는 사람이 늘어날수록 출산율은 줄어듭니다. 전통적으로 농사를 짓는 사회에서는 자녀를 많이 낳습니다. 가족이 곧 노동력이고 모두가 농사를 지으니 실업도 없죠. 과거에는 일단 아이를 낳으면 알아서 잘 자란다고 생각했습니다. 마을 사람들끼리 서로 도우면서 살았고, 동네 아이들은 대가족의 돌봄을 받으며 함께 자랐으니까요.

도시로 인구가 집중되면서 사람들은 제조업과 서비스업에 종사합니다. 도시는 변화와 혁신이 많은 곳이기 때문에 대학과 같은 고등교육을 받아야 임금이 높은 직장을 구하기 쉽습니다. 인구밀도가 높아질수록 경쟁은 더 치열해집니다. 괜찮은 직장과 집을 구해서 결혼하려다 보니 결혼 시기는 점점 늦어집니다. 부부가 자녀를 온전히 맡아 키워야 하고, 자녀 교육비까지 감당하려면 일을 더 많이 해야 합니다. 그러다 보니 적게 낳아서 잘 기르겠다는 생각으로 바뀌게 되는 거죠.

로마제국도 저출산을 고민했어

기원전 8세기 무렵 로마가 등장했습니다. 로마도 기원전 2세기까지는 한 가정에서 10명까지 낳았다고 합니다. 그러다 기원전 1세기 초에는 2~3명으로 확 줄었습니다. 전성기 시절 로마는 100만 명이 사는 도시로 성장했지만, 출산율은 더 떨어졌습니다. 로마제국이 지중해 주변을 통일하고 안정되면서 경제적으로도 풍요로워진 것이 저출산의 원인이었다고 합니다. 혼자 살아도 즐길 거리가 많고 불편하지 않았기 때문에 결혼하지 않는 사람이 늘어났습니다.

결혼도 안 하고 자녀를 낳지 않은 시민들이 많아지자 로마는 국력이 약해질 것을 걱정했습니다. 기원전 18년 아우구스투스 황제는 혼자 사는 사람들에게 '독신세'라는 세금을 내게 했습니다. 결혼하지 않은 채 30세를 넘기면 선거권까지 빼앗았죠. 반면 자녀가 많은 사람에게는 여러 혜택을 주었습니다. 그때나 지금이나 출산율 고민은 비슷했던 겁니다.

출산율 꼴찌 동아시아

서유럽처럼 일찍부터 도시화하고 개인주의가 발달한 곳은 아이를 많이 낳지 않습니다. 우리나라도 그 길을 따라갔죠. 그런데 서구보다 변화 속도가 훨씬 빨랐습니다. 1960년대에는 형제자매가 네댓 명 이상이었지만 지금은 자녀가 한 명인 가정이 많습니다. 환경과 사람들의 생각이 바뀌면서 출산율도 떨어진 거죠.

현재 세계에서 가장 출산율이 낮은 지역은 어딜까요? 놀랍게도 한국, 중국, 일본이 있는 동아시아입니다. 동아시아는 세계에서 가장 빠른 속도로 경제가 성장한 곳입니다. 서구가 19세기부

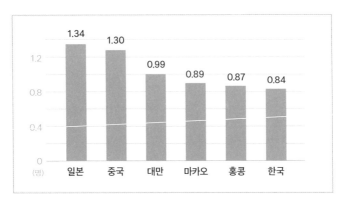

동아시아 나라들의 합계출산율(2020년 기준)

터 천천히 산업화되고 도시화되었다면, 동아시아 나라들은 수십 년 사이에 빠르게 발전하면서 도시화가 급속하게 진행되었죠. 인구가 급증하고 도시로 몰려들면서 주택 가격도 치솟았습니다. 소득 수준이 높아지면서 괜찮은 집을 찾을 때까지 결혼을 미루다 보니 출산율은 더 떨어졌습니다. 자녀를 기르는 데도 돈이 많이 듭니다. 사교육비와 양육비가 많이 들다 보니 저축도 못 하는 가정이 많습니다.

결혼과 출산이 부담스러워지면서 가정을 이루기보다는 직장 생활을 택하는 여성이 늘어났습니다. 여성의 교육 수준이 올라가고 사회 진출이 늘면서 결혼 연령은 더 늦어졌습니다. 특히 여성이 출산을 하면 직장을 그만두는 '경력 단절'이 심한 사회에서는 결혼과 출산마저 꺼리게 됩니다. 일하면서 혼자 여유롭게 살려는 사람들이 늘어나죠. 옛날에는 주위에서 결혼하라는 압박이 강했고 혼자 밥 먹으러 식당에 가는 것도 이상하게 바라봤죠. 이제는 1인 가구가 많다 보니 혼자 사는 것이 자연스럽게 받아들여지고 있습니다.

'노인의 나라' 일본

동아시아에서 출산율이 가장 먼저 감소한 나라는 일본입니다. 일본의 인구는 1930년대 말부터 1940년대 초 사이 급격하게 늘어났습니다. 제2차 세계대전 후에도 몇 차례 인구가 급증한 시기가 있었습니다. 일본은 아시아에서 다른 지역보다 인구 증가와 도시화가 빨랐기 때문에 출산율도 빠르게 낮아졌습니다.

일본은 2005년부터 인구가 줄어들기 시작했죠. 여기에 노인 인구가 늘어나면서 2006년에는 65세 이상 인구가 전체의 20%를 넘었습니다. 세계 최초로 초고령사회에 진입했고, 2021년에는 65세 이상 인구가 30% 가까이 늘었습니다. 학생이 줄면서 폐교된 초등학교가 요양시설로 바뀌기도 했습니다.

그나마 다행인 것은 1980년대까지만 해도 일본이 세계 2위의 경제 대국이었다는 것입니다. 당시 세계적인 기업과 은행이 거의 일본에 있을 정도였습니다. 그래서 1990년대부터 경기 침체를 겪고 있지만 노인층은 부유한 편입니다. 다른 나라보다 노인 빈곤 문제가 심각하지 않습니다. 인구가 줄어도 전체 인구가 1억 명이 넘어 아직은 경제 활동이 활발하고 일자리도 많은 편입니다.

한편 일본에는 아르바이트를 하면서 별다른 욕망 없이 사는 청년 세대가 등장했습니다. 2000년대 중반에는 비싼 자동차나 집을 사지도 않고, 연애에도 관심이 없는 남자를 일컫는 '초식남'이란 말이 생겨나기도 했죠.

인구가 줄어들면서 일할 사람이 부족해졌지만, 청년 실업도 적어지다 보니 일본의 합계출산율에는 큰 변화가 없습니다. 2019년 1.36명에서 2021년 1.30명으로 서서히 줄어들고 있죠. 일본 정부는 1.8명으로 늘여서 장기적으로 인구를 안정시키려고 노력하고 있지만 인구 감소를 막기는 어려운 상황입니다. 이미 생산 가능 인구(15~64세)에 비해 노년 인구가 너무 많아 사회는 활기를 잃었습니다. 한때 미국을 위협할 정도로 엄청났던 일본은 이제 늙고 약해지고 있습니다.

한국의 저출산은 지리적 이유가 있어

홍콩과 싱가포르처럼 규모가 작은 도시국가는 출산율이 매우 낮습니다. 면적에 비해 인구밀도가 지나치게 높다 보니 주택도 부족하고 일자리 경쟁도 치열하기 때문입니다. 하지만 한국은 놀랍게도 2018년 합계출산율 0.98명을 시작으로 2021년 0.81명으로 홍콩과 꼴찌를 다투고 있습니다. 재난과 전쟁 상황이 아닌데도 이렇게 낮은 사례는 처음입니다.

우리나라의 고령화 비율은 2021년에 15.7%를 넘었고 수명도 늘었습니다. 일본과 다른 점은 50대도 20대 때부터 인터넷을 활발히 이용해 왔고 시대 변화에 관심이 많다는 점입니다. 인구가 급격히 줄어드는 인구절벽의 충격은 적게 태어난 세대가 성장해 사회로 나오는 20~30년 후에 나타납니다. 최근까지는 경제 활동을 하는 인구도 많고 활력이 넘쳤지만, 앞으로는 불황의 늪에 빠질 가능성이 큽니다.

한국의 출산율이 낮은 이유는 지리에서 찾을 수 있습니다. 인구가 수도권에 지나치게 집중되면서 도시국가처럼 변했기 때문이죠. 2020년을 기점으로 우리나라에는 중요한 변화가 나타났습니다. 태어난 사람보다 사망한 사람이 더 많아진 겁니다. 또한 수도권(서울, 경기, 인천) 인구가 나머지 지역의 인구보다 많아졌습니다. 수도권 집중은 세종시가 개발되면서 잠시 약해졌지만, 개발이 끝나면서 다시 심해지고 있습니다.

누가 수도권으로 들어올까요? 서울로 들어오는 사람들은 거의 20대입니다. 직장과 교육을 위해서죠. 30대는 집값이 저렴한 서울 주변 수도권으로 이주하는 추세입니다. 서울은 인구가 감소하고 있지만, 경기도 인구는 계속 늘고 있습니다. 반면 비수도권 지역은 인구가 줄고 빈집도 늘면서 소멸할 위기에 처했습니다.

다른 나라는 여러 지역으로 인구가 흩어지지만 우리나라는 수도권 한곳으로 집중되는 점이 특이합니다. 수도권의 주택 가격과 물가는 도시국가 이상으로 높습니다. 경쟁도 치열하죠. 더구나 다른 나라보다 대학 진학에 따라 임금 격차가 크고, 대기업과 중소기업의 임금 격차도 큽니다.

우리나라는 출산율을 높이기 위해 15년간 수백 조 원을 썼지만 인구는 계속 감소했습니다. 앞으로 한국은 일본보다 심각한 노인 국가가 될 것입니다. 인구가 일본의 절반도 되지 않고, 노인의 소득 수준도 낮다는 어려움이 있습니다.

일본은 노동력 부족을 해결하기 위해 정년을 늘리고 외국인을 받아들이고 있습니다. 노인 돌봄 로봇 같은 다양한 서비스도 개발하고 있죠. 우리나라는 일본의 대책과 실패 사례까지 살펴보며 대비해야 합니다.

중국도 못 피한 인구절벽

중국은 젊고 저렴한 노동력을 바탕으로 세계의 공장으로 발전했습니다. 1990년 전 세계 기업들이 11억 명 이상의 인구가 소비하는 내수시장을 보고 중국에 몰려들었고, 중국은 세계 2위의 경제 대국으로 급성장했습니다.

과거 중국은 인구만 많고 가난한 나라였습니다. 그래서 우리나라보다도 강한 산아제한 정책을 폈습니다. 산아제한은 나라에서 인구 문제를 해결하기 위해 출산에 한도를 두는 겁니다. 중국은 이 정책으로 1979년부터 한 자녀만 낳게 했죠. 인구가 줄어들 기미가 보이면서 2016년부터는 두 자녀 정책을 시행했습니다. 2021년에는 세 자녀까지 허용하지만 출산율은 계속 떨어지고 있습니다. 고령화 비율은 2000년 7%, 2020년 13%로 우리나라와 비슷한 수준이 되었습니다. 2050년은 27.9%를 예상하고 있습니다.

중국은 전체 인구의 60% 이상이 상하이, 선전 등 해안 도시로 몰려들면서 출산율이 낮아지고 있습니다. 한 명을 잘 키우기도 벅차기 때문입니다. 중국의 중산층들도 일상생활이 힘들 정도로 노동 강도가 높습니다. 중국에서 '996'이라는 말이 유행한 적이 있습니다. 중국 IT 업계에서 아침 9시 출근, 저녁 9시 퇴근, 주 6일 근무를 한다는 거였죠. 또한 높은 주택 가격과 치열한 입시 경쟁으로 사교육 비가 계속 늘어난 것도 부담이었습니다.

중국 공산당 정부는 인구 감소를 막기 위해 학부모의 부담을 줄이는 정책을 밀어붙이고 있습니다. 2021년에는 사교육 부담을 줄이는 정책을 발표해 잘나가던 사교육 업체들이 문을 닫게 되었습니다. 온라인 게임에 빠진 청소년 때문에 가정에서 갈등이 많아지자 게임 시간을 금·토·일 한 시간씩만 가능하게 제한했습니다. 부동산 투기도 규제했습니다. 주택 가격이 비싸서 결혼을 포기하지 않도록 부동산 투기에 몰리는 돈줄을 막아 버린 거죠. 하루아침에 거대 부동산 업체가 무너질 위기에 몰리기도 했습니다.

중국 정부도 어떻게든 출산율을 올리고 싶어 여러 정책을 하지만 큰 효과는 없는 상황입니다.

인구 감소 시대를 대비하려면

출산율 저하는 세계적인 현상입니다. 특히 동아시아에서도 우리나라는 매우 심각합니다. 주택이나 사교육비 부담을 줄이면 출산율을 높일 수 있을까요? 무한 경쟁하는 사회 분위기를 바꿔야 하는데, 엄청난 노력이 필요한 일이죠.

한편으로는 이민을 받아들여 부족한 노동력을 확보하는 방법

등 여러 시도가 있지만, 저출산 시대를 대비하기는 쉽지 않습니다. 앞으로는 과학과 기술 발전 정책을 통해 로봇이나 미래 산업 등을 발전시키는 것도 중요해 보입니다. 적은 인구로도 경제나 국방 등에 무리가 없도록 연구하고 준비해야 할 때입니다.

✸ 토론해 볼까요? ✸

· 인구가 감소하면 무엇이 좋고, 무엇이 안 좋을까요?

· 출산율을 늘리기 위해 어떤 방법을 쓰면 좋을까요?

4

중동과 아프리카

모로코

서사하라

모리타니

기니

부르키나
파소

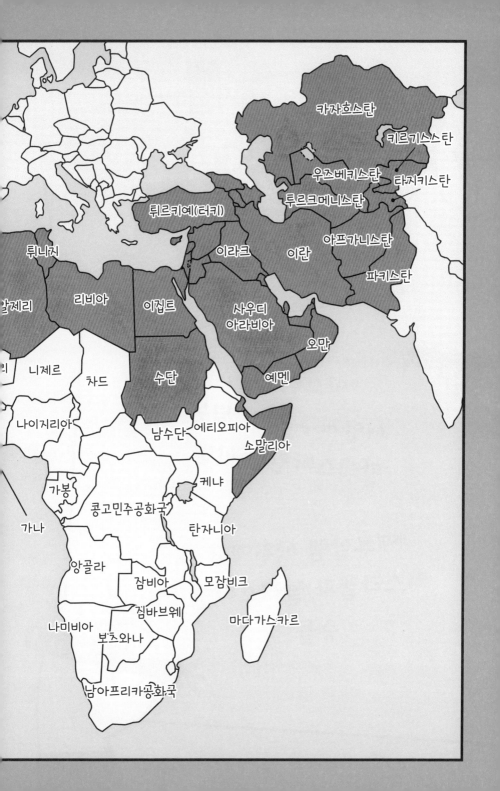

이스라엘과 팔레스타인의 끝없는 싸움

"이스라엘군,
서안지구 장벽 넘는
팔레스타인인 사살"

"예루살렘 사원에서
이스라엘과 팔레스타인
충돌"

별이 이스라엘과 팔레스타인은 왜 계속 싸우는 거야? 이번에 뉴스 보니까 어린아이들도 죽던데….

산이 이스라엘은 자기네 땅을 넘보는 팔레스타인이 싫은 거지.

강이 원래 팔레스타인 사람들이 살고 있던 땅에 이스라엘 사람들이 들어온 거 아니었어?

산이 2,000년 전에 유대인인 이스라엘 사람들이 살던 땅이래. 역사적으로 복잡하긴 한데, 다시 돌아와서 팔레스타인 사람들을 쫓아낸 거지.

별이 쫓겨난 사람들은 어떻게 됐어?

산이 난민이 되어서 외국에도 많이 살고, 이스라엘에 있는 가자지구와 서안지구에도 많이 산대.

강이 그냥 평화롭게 두 개의 나라로 인정하고 살면 안 되나?

별이 그러게. 땅을 나눠 갖는 게 쉽지 않은가 봐.

이스라엘은 우리나라 경상도만 한 작은 나라입니다. 동서가 짧고 남북이 긴 모양으로, 동서는 60km, 남북은 450km 정도입니다. 이스라엘 서부 해안의 평야는 지중해와 나란히 뻗어 있습니다. 동쪽 내륙에 요르단강은 남쪽으로 흘러 해수면보다 430m 낮은 사해로 이어집니다. 사해는 생명이 살지 않는 호수입니다.

기후가 건조해서 물이 증발해 소금 농도가 엄청나게 높기 때문이죠. 염도가 높아 몸이 물에 둥둥 뜨기 때문에 관광객들이 재미난 체험하러 오기도 합니다.

이 작은 나라에서 왜 계속 분쟁이 끊이지 않을까요? 팔레스타인 문제가 얽혀 있기 때문입니다. 이스라엘에는 팔레스타인 사람들이 서안지구과 가자지구에 모여 살고 있습니다. 이스라엘은 두 개의 나라로 갈라져 있다고 할 수 있죠.

형제끼리 왜 이래?

2012년부터 팔레스타인은 유엔 옵서버observer 국가가 되었습니다. 정식 회원국은 아니지만 유엔에서 활동할 수 있어서 국제 사회에서 합법적인 주권국가로 승인받은 것과 마찬가지입니다. 현재 서안지구와 가자지구, 동예루살렘이 팔레스타인의 영토로 인정되고 있습니다. 하지만 이스라엘은 팔레스타인을 하나의 나라로 인정하지 않습니다. 팔레스타인 사람들을 일부 지역에 고립시키고 있죠. 그러니 팔레스타인과 이스라엘은 영토 분쟁을 벌일 수밖에 없습니다.

2017년 유네스코가 팔레스타인의 서안지구에 있는 헤브론을

팔레스타인의 자치정부인
가자지구와 서안지구가 있는 이스라엘

세계 문화유산으로 지정했습니다. 이스라엘은 유대교를 믿는 유
대인이 다수이고, 팔레스타인은 이슬람을 믿는 아랍인이 대부분
입니다. 헤브론에는 유대교, 기독교, 이슬람교 모두 믿음의 조상

이라고 부르는 아브라함의 무덤이 있습니다. 성경에 젖과 꿀이 흐르는 '가나안' 땅으로 불린 곳이 지금의 팔레스타인입니다. 아브라함은 기원전 2,000년에 이곳으로 이주해 살았습니다. 지금도 많은 아랍인과 유대인 들이 아브라함의 무덤을 찾아오고 있습니다. 따지고 보면 이스라엘과 팔레스타인은 형제 민족끼리 영토 전쟁을 벌이는 거죠.

고향에 돌아온 유대인, 고향에서 쫓겨난 아랍인

유대인들은 팔레스타인 땅에 1,400년간 살았습니다. 로마제국에 끝까지 저항하던 유대인들은 예루살렘 성전마저 파괴당한 뒤 세계 곳곳으로 흩어졌습니다. 그렇게 2,000년이 흘렀죠. 그런 중에도 유대인들은 자신들의 공동체를 유지하면서 유대교와 율법의 가르침을 잊지 않고 살았습니다. 과거 유대인은 직업 선택에 제한을 받는 외국인이어서 은행업과 상업에 종사했습니다. 직업의 특성상 돈을 잘 버는 데다 자기들끼리 뭉쳐서 살다 보니 유럽 사회에서 미움을 많이 받았습니다. 특히 유럽에서는 유대인이 예수를 죽인 민족이라며 더 탄압받았습니다. 사회가 어지러울

때마다 유대인은 재산을 빼앗기거나 쫓겨나고, 학살당하기도 했습니다.

로마가 물러가고 1,000년 동안 팔레스타인 지역에는 이슬람교를 믿는 아랍인들이 거주했습니다. 유대인은 소수였습니다. 그리고 20세기 초까지 팔레스타인을 지배한 것은 오스만제국이었습니다. 비극은 제1차 세계대전에서 오스만제국이 영국을 포함한 연합군에 패망하면서 시작됩니다. 영국은 오스만제국의 지배를 받는 아랍 민족에게 반란을 일으키면 민족국가를 세워주겠다고 유혹했습니다. 이 분열 작전은 대성공을 거둡니다. 그런데 전쟁 자금이 필요했던 영국은 금융을 쥐고 있는 유대인들에게도 달콤한 제안을 하게 됩니다. 늘 탄압받는 유대인들이 안전하게 살 수 있는 땅을 주겠다는 약속이었죠.

제1차 세계대전 후 팔레스타인을 지배하던 영국은 아랍인과의 약속을 어기고 유대인을 이곳에 이주시켰습니다. 특히 나치가 유대인 대학살을 하자 이를 피해서 유대인 이주자가 몰려들었죠. 이때부터 땅을 사서 영역을 넓히는 유대인 이민자들과 이미 살고 있던 아랍인 주민 사이에 충돌이 시작되었습니다.

중동전쟁만 네 번, 도대체 언제까지 싸워?

첫 단추를 잘못 낀 영국은 팔레스타인 문제를 해결할 방법이 없었습니다. 결국 발을 빼고 유엔에 맡겨 버립니다. 유엔은 1947년 유대인과 아랍인 구역을 나누고 예루살렘은 누구의 소유도 아닌 공동통치 구역으로 두는 '두 국가 분할안'을 채택합니다. 유대인 지도자들은 찬성했지만, 갑자기 영토가 44%로 줄어든 아랍인들은 받아들일 수 없었죠. 영국이 떠나자 유대인과 아랍인 사이에서 전쟁이 벌어졌고 유대인이 승리했습니다. 유대인들은 유엔이 정한 경계를 바탕으로 1948년 이스라엘 독립을 선언했습니다.

독립 다음 날 주변 아랍 국가들이 연맹을 맺고 이스라엘을 공격했습니다. 이집트, 시리아, 레바논, 요르단, 이라크로 이루어진 아랍 연합군이 이스라엘 건국에 반대한 거죠. 1947년에서 1949년에 벌어진 제1차 중동전쟁에서는 이스라엘이 승리하면서 팔레스타인 지역 대부분이 이스라엘 땅이 되고 아랍인 수십만 명이 추방당했습니다.

전쟁은 제4차 중동전쟁까지 이어집니다. 특히 1967년 제3차 중동전쟁에서 승리한 이스라엘이 일부 땅을 돌려주고 평화협정을 맺자고 했으나 아랍연맹은 받아들이지 않았습니다. 그러자 이스라엘은 유대인 정착촌을 늘려 아랍인들이 사는 땅을 빼앗기 시작했습니다. 점령된 팔레스타인 지역은 지금까지 이스라엘의 군사적 통제를 받고 있습니다. 아랍인들은 팔레스타인해방기구(PLO)를 중심으로 이스라엘에 과격한 테러로 저항했습니다. 테러가 나면 이스라엘의 보복으로 아랍 주민들이 죽는 과정이 반복되었죠.

1973년 제4차 중동전쟁 때는 이집트가 시나이반도를 거쳐 이스라엘을 먼저 공격했고, 시리아도 동시에 밀고 들어와서 이스라엘이 망할 뻔했습니다. 하지만 미국이 항공기로 대량의 무기를 지원해 주면서 분위기가 뒤집혔습니다. 계속 이스라엘이 승리하자 아랍 국가들은 분열되었습니다. 1978년 이스라엘은 시나이반도를 돌려주고, 이집트와 평화협정을 맺었습니다.

계속된 테러로 국제 사회에서 외면받던 팔레스타인해방기구는 이스라엘의 공격으로 위기에 몰립니다. 결국 1988년에 이스라엘을 국가로 인정하고 협력하면서 살길을 찾게 됩니다.

1993년 이스라엘의 이츠하크 라빈 총리와 팔레스타인해방기구의 야세르 아라파트 의장이 미국 대통령 빌 클린턴의 중재로 오슬로협정을 맺었습니다. 드디어 팔레스타인 자치정부가 탄생하죠. 자치정부는 서안지구와 가자지구로 구성되었습니다. 그러나 평화는 오래가지 않았습니다.

세계에서 가장 큰 감옥

가자지구는 지중해를 따라 40km 정도 남북으로 길쭉하게 뻗어 있습니다. 면적은 우리나라 세종시와 비슷하지만, 인구가 200만 명이 훨씬 넘어 대도시처럼 인구밀도가 높습니다.

이스라엘은 2005년 가자지구에서 정착촌과 군대를 모두 철수했습니다. 2006년부터 팔레스타인해방기구의 정당이자 이슬람 무장단체인 하마스가 가자지구를 통치하면서 2007년 이후 이스라엘과 네 차례 전쟁을 벌였습니다. 이스라엘은 육해공을 모두 봉쇄하고 가자지구 주민들의 외부 출입을 막고 있습니다.

하마스를 비롯한 팔레스타인해방기구의 다른 무장단체들은 간단한 로켓 무기를 직접 만들어서 이스라엘의 마을과 도시를 공격해 왔습니다. 이스라엘군이 아이언돔(방어 미사일 체계)을 이용해 날아오는 로켓을 하늘에서 요격하는 장면이 뉴스에 등장하기도 했죠. 이스라엘이 방어 무기를 개발한 것도 끝없는 팔레스타인 분쟁이 원인입니다. 이런 공격을 받으면 이스라엘군은 바로 팔레스타인에 보복 공격을 가하죠. 많은 팔레스타인 주민들이 사망하는 비극이 반복되었습니다. 가자지구는 기반시설이 대부분 파괴되어서 정상적인 생활이 불가능한 상황입니다.

이스라엘은 하마스가 무장하지 못하도록 가자지구에 들어가는 식량, 의약품, 건축 자재까지도 엄격하게 제한하고 있습니다. 주민들은 생활에 필요한 모든 것이 부족해서 엄청난 고통을 받고 있습니다. 하마스는 여러 차례 이스라엘과 전면전을 벌이면서 땅굴을 파 이스라엘을 기습했습니다. 이집트 국경에도 밀수용 땅굴을 뚫어서 교역도 하고 무기를 들여왔습니다. 이스라엘이 찾아서 파괴한 땅굴만 약 40개입니다.

이스라엘은 1994년부터 가자지구에 60km 길이의 장벽을 지어 1996년에 완성했습니다. 2021년에는 기존 장벽에 더해서 콘크리트와 강철로 새로운 장벽을 쌓았습니다. 지상 6m, 지하로도 깊게 설치한 장벽에는 수백 대의 카메라와 레이더, 땅굴 감지용 센서가 달려 있습니다. 장벽 1km 가까이에 오지 못하도록 완충지대를 두고 장벽을 넘으면 총격을 가합니다. 가뜩이나 좁은 가자지구에서 살 수 있는 면적이 더 줄어든 거죠.

2019년에는 하마스의 해상 침투를 막기 위해 바다에도 200m의 장벽을 세웠습니다. 가지지구의 주민들은 절반이 실업자인데다 어업마저 어려워지면서 외국의 식량 원조에 의존하고 있습니다. 외국으로 탈출을 시도하는 청년들은 장벽을 넘다 죽음을 맞고 있습니다.

서안지구는 가자지구보다 15배 이상 큽니다. 하지만 인구는 300만 명이 조금 넘는 정도로, 가자지구보다 인구밀도가 훨씬 낮습니다. 실업률이 20%를 넘지만 이스라엘을 인정하고 교류하며 살아서 가자지구보다 경제가 안정되어 있습니다. 그렇다고 서안지구가 살기 좋은 곳은 전혀 아닙니다. 이스라엘은 자살 테러를 막는다는 구실로 2002년부터 서안지구 경계에 8m 높이의 장벽을 쌓았습니다. 이스라엘 취업 허가증이 있는 7만 명의 팔레스타인 사람들은 매일 긴 줄을 서서 검문소를 통과해야 합니다.

서안지구에서도 아랍인을 밀어내고 유대인 정착촌을 늘려 가고 있습니다. 팔레스타인이 직접 통제하는 곳은 18%밖에 남지 않았습니다. 팔레스타인 마을을 잇는 길도 끊어진 곳이 많아서 주민들은 이동도 자유롭지 않습니다.

예루살렘이 그렇게 중요해?

예루살렘은 '평화의 도시'라는 뜻의 도시지만, 지금은 이스라엘과 팔레스타인이 분쟁을 벌이고 있는 도시입니다. 예루살렘은 유대교, 이슬람교, 기독교의 성지여서 매년 수백만 명의 관광객이 찾습니다. 예루살렘 구시가지에 있는 성전산이라는 곳에는 유대교 성전이 있었는데, 지금은 허물어지고 성벽만 조금 남아 있습니다. 유대인들은 이 성벽 앞 광장에 모여서 행사를 합니다. 성전이 다

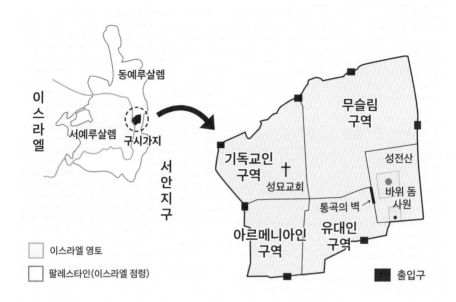

(좌) 동서 예루살렘과 구시가지
(우) 구시가지에 있는 세 종교의 성지

시 회복되기를 기도하며 벽 앞에서 울부짖기 때문에 이 성벽은 '통곡의 벽'이라고 불립니다. 구시가지에는 성묘교회가 있습니다. 기독교인들은 지금도 예수가 죽고 부활한 것을 기념하며 이곳을 방문하고 있죠.

한편 이슬람교 신자인 무슬림은 유대교 성전이 있던 자리에 이슬람 3대 성지인 '바위 돔 사원(알아크사 모스크)'을 세웠습니다. 이 사원에는 중요한 바위가 있죠. 그 바위는 믿음의 조상인 아브라함이 신에게 자기 아들을 바치려 한 곳입니다. 또한 이슬람교의 창시자 무함마드가 천사의 안내를 받아 승천해서 천국을 방문했던 곳이라고도 하죠.

팔레스타인 사람들은 이스라엘에게 땅을 잃은 것보다 성지를 빼앗긴 것에 더 분노합니다. 반대로 유대인들은 유대교 성전이 무너진 자리에 세워진 이슬람 사원이 못마땅합니다. 성지에서는 과격한 분쟁은 드물었지만, 이스라엘이 팔레스타인 주민의 출입을 제한하면서 시위대와 이스라엘 경찰의 진압이 반복되고 있습니다. 2021년에는 서예루살렘 쪽으로 로켓이 발사될 정도로 긴장이 높아졌습니다.

종교적으로 아주 중요한 예루살렘을 독점하려고 하면 분쟁을 피하기 어렵습니다. 중립 지대로 인정하고 공존할 때만 평화가 올 수 있습니다.

물을 위해 뭐든 하는 이스라엘

이스라엘이 팔레스타인에 토지를 돌려주지 않는 또 다른 이유는 물이 부족하기 때문입니다. 국토의 60%가 사막인 이스라엘은 국가의 운명이 걸린 물을 확보하기 위해 전쟁도 서슴지 않았습니다.

평균 해발고도 1000m인 북부 골란고원은 주요 하천이 시작되는 곳입니다. 이스라엘 수자원의 약 40%를 공급하는 골란고원은 시리아의 수도 다마스쿠스와 아주 가까워서 중요한 곳입니다. 이스라엘은 제3차 중동전쟁 때 골란고원을 점령한 이후 지금은 유대인 정착촌을 수십 군데 지었습니다.

버리는 물도 아까우므로 이스라엘은 폐수의 93%를 정화하고 농사에 쓰는 물의 86%를 재활용하고 있습니다. 파이프에 미세한 구멍을 뚫어 물과 비료를 일정하게 공급하는 디지털 기술, 정수와 재활용 기술, 바닷물을 먹을 수 있는 물로 바꾸는 해수 담수화 기술 등 이스라엘 물 산업은 세계적으로 수출되고 있습니다.

이스라엘은 서안지구를 점령한 1967년 이후 요르단강 사용을 막고, 우물이나 하수도도 마음대로 만들지 못하게 했습니다. 이스라엘이 제대로 물을 공급하지 않는 탓에 팔레스타인 지역은 물을 충분히 쓰지 못합니다. 수도시설도 열악하고, 지하수도 이스라엘이 정한 만큼만 쓸 수 있습니다. 팔레스타인 주민은 유대인 정착촌 주민보다 비싸게 물을 사야 합니다. 해안가에 있는 가자지구는 상황이 더 심각합니다. 지하수를 계속 끌어 쓰다 보니 소금기가 많고, 정화되지 않은 하수가 흘러들어서 오염된 물을 마시고 있습니다.

팔레스타인의 인구가 늘어나면서 물 부족 현상은 더 심각해지고 있습니다. 소금기를 없앤 물은 비싸서 마시기에도 부족합니다. 이스라엘은 물을 통해 팔레스타인 주민들을 철저하게 통제하고 있는 겁니다.

이스라엘은 왜 팔레스타인을 완전 정복하지 않을까?

이스라엘은 오랫동안 전쟁을 해왔고, 뛰어난 과학기술과 경제력을 바탕으로 최강의 군사력을 갖추고 있습니다. 사실 마음만 먹으면 무력으로 팔레스타인 지역을 차지할 수 있습니다.

이스라엘이 팔레스타인을 모두 차지하지 않는 데는 이유가 있습니다. 바로 인구입니다. 만약 팔레스타인 지역이 이스라엘이 되면 팔레스타인의 아랍인들도 투표권을 갖게 됩니다. 출산율도 아랍계 사람들이 높으므로 시간이 지나면 유대교 국가에서 이슬람 국가로 변할 수 있는 거죠.

이스라엘은 건국 초기부터 유대인 인구를 늘리기 위해 전 세계에 있는 유대인의 이민을 적극적으로 받아들였습니다. 그렇다면 해외에 있는 팔레스타인 난민은 받아 줄까요? 당연히 아니겠죠. 팔레스타인 난민 700만 명이 이스라엘 땅으로 들어오면 아랍인이 유대인을 압도하기 때문에 계속 못 들어오게 막고 있습니다.

팔레스타인의 독립은 아직 멀었어

유대인은 2,000년 동안 나라 없는 민족이었습니다. 비극을 겪었기에 새로 만든 나라인 이스라엘을 지켜야 한다는 의지가 강하죠. 국토가 작은 데다 이슬람 나라들에 둘러싸여 있어서 여러 차례 전쟁과 나라가 사라질 위기도 겪다 보니 위험한 것이 있으면 무조건 막고 봅니다.

팔레스타인이 서안지구와 가자지구 등에서 완전한 독립국가가 되면 어떨까요? 팔레스타인은 경제가 안정되면 군사력을 키울 겁니다. 이미 가자지구에는 이스라엘에 저항하는 무장단체 하마스가 정권을 잡고 이스라엘과 투쟁을 벌이고 있습니다.

하지만 이스라엘은 한 나라가 두 나라로 나뉘는 걸 원하지 않습니다. 70만 명이 사는 서안지구의 유대인 정착촌을 철수하기도 쉽지 않으니, 이스라엘은 가자지구를 봉쇄해 거대한 감옥으로 만들었죠. 앞으로 서안지구에 대한 통제도 더 늘어날 것입니다.

팔레스타인을 지지하며 이스라엘을 공격하던 아랍 국가들도 계속 전쟁에서 진 뒤로는 이스라엘과 싸울 마음을 접었습니다.

가난하고 힘없는 팔레스타인보다는 이스라엘의 기술과 정보력이 중요해진 거죠. 이집트(1979년), 요르단(1994년), 아랍에미리트(2020년), 바레인(2020년)이 차례로 이스라엘과 수교를 맺었습니다. 사우디아라비아도 외교 관계는 없지만 사실상 이스라엘과 손잡고 이란을 견제하고 있습니다.

　이스라엘과 팔레스타인의 영토 분쟁과 종교 갈등은 쉽게 해결되지 않을 것입니다. 장벽 안에서 지내는 팔레스타인 주민들이 자유롭게 생활하는 날은 아직 멀기만 합니다.

☀ 토론해 볼까요? ☀

· 이스라엘과 팔레스타인 사람들이 함께 섞여 평화롭게 살 수 있는 방법은 무엇일까요?

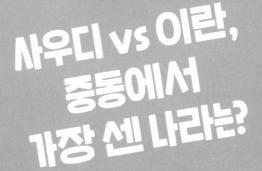

사우디 vs 이란, 중동에서 가장 센 나라는?

"예멘의 후티 반군,
사우디 석유 저장시설 공격으로
유가 상승"

"미국 대통령,
사우디 왕자 만나
에너지 안정을 위한 협의"

강이   사우디아라비아 석유시설을 예멘이 공격했다는 뉴스 봤어?

별이   예멘? 사우디를 왜 공격했는데?

산이   사우디가 정부군을 지원하니까 반군들이 공격하나 봐.

별이   예멘도 내전이 있구나. 중동에는 이스라엘과 팔레스타인 분쟁만 있는 게 아니네. 아휴, 머리야.

산이   중동을 괜히 '세계의 화약고'라고 하겠냐. 시리아, 이라크도 마찬가지야.

강이   사우디는 이란과 사이가 안 좋은 걸로 아는데….

산이   수니파와 시아파로 나뉘니까.

별이   이란은 핵무기도 있지 않아? 종교 문제만은 아니겠지?

이슬람을 믿는 아랍 국가들을 흔히 '아랍'이라고 부릅니다. 이슬람교의 경전인 《코란》이 쓰여진 아랍어를 사용하죠. 아라비아반도에 있는 나라 대부분은 왕가가 정치, 경제, 언론사까지 모두 쥐고 있는 절대왕정 국가입니다. 반면에 이란은 종교 지도자의 힘이 막강합니다. 사우디아라비아(사우디)와 이란은 오랫동안 갈등을 겪고 있습니다. 종교적 갈등뿐만 아니라 정치·경제적으로 서로 적대적인 관계에 있습니다.

닮은 듯 다른
사우디아라비아와 이란

사우디아라비아는 아랍을 대표하는 나라입니다. 이슬람 성지인 '메카'가 있어서 이슬람교를 믿는 무슬림이라면 누구나 찾는 곳이죠. 하지만 사우디의 국가 이념인 와하비즘은 엄격한 믿음으로 이슬람법에 기초를 둔 이슬람 국가를 주장하는 근본주의 사상입니다. 이 사상은 탈레반을 비롯한 극단적 이슬람 세력에게 영향을 주었습니다. 사우디를 지배하는 사우드 가문은 원래 아라비아반도 중앙의 오아시스를 기반으로 한 부족 세력이었습니다. 1744년 주류 세력에 쫓겨난 종교개혁가 와하브를 만나면서 사우드 가문은 급성장합니다. 오스만제국에서 독립한 이후 1932년 '사우디아라비아왕국'이 탄생합니다.

사우디는 제2차 세계대전이 끝날 무렵 미국과 협정을 맺습니다. 국가 안보를 보장받고, 달러로만 석유 값을 결제하기로 한 거죠. 이로써 오늘날 미국 달러가 세계 무역에서 가장 중요해졌습니다. 이후 사우디는 중동에서 미국과 아주 가까운 나라가 되었습니다.

이란은 왕정 국가가 아닙니다. 이슬람 종교 지도자가 대통령보다 권한이 강한 이슬람 공화국입니다. 과거 화려했던 페르시아제국의 후예라는 자부심이 대단하죠. 아라비아사막의 나라들과 달리 이란은 농산물이 풍부해서 옛날부터 인구가 많았습니다. 석유와 천연가스도 많고 중동에서 유일하게 자동차를 생산할 만큼 산업도 발전했죠. 군사력도 중동에서 최고를 자랑합니다. 한때는 사우디보다 더 미국과 친한 나라였습니다. 하지만 1979년부터 미국을 밀어내면서 미국의 제재로 경제가 어려워졌습니다. 그래도 이란은 현재 중국, 러시아와 협력하면서 버티고 있습니다.

중동의 대표 국가인 사우디와 이란은 서로 으르렁거리고 있습니다. 사우디는 이란을 위험한 나라라며 비난합니다. 이란은 사우디는 석유가 고갈되면 사라질 신기루라고 깎아내립니다. 사우디와 이란은 왜 원수가 되었을까요?

수니파와 시아파의 대결

과거 아라비아반도에는 오아시스를 중심으로 여러 지역을 떠돌아다니며 양을 키우는 유목 부족들이 흩어져 살았습니다. 그러다 7세기 초 현재의 사우디아라비아에서 예언자 무함마드가 이슬람교를 창시했습니다. 이슬람은 종교이자 하나의 신앙 공동체로 사람들의 마음을 사로잡았습니다. 특히 이전 지배자들보다 세금을 적게 걷고, 다른 종교를 믿어도 세금만 더 내면 되었기에 인기가

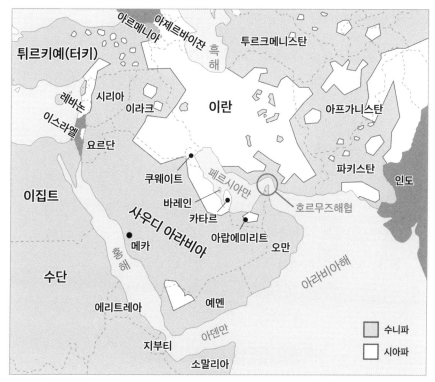

수니파와 시아파로 나뉘는 중동의 나라들
[지도 출처: Vali Nasr, The Shia Revival, W. W. Norton & Company, 2007]

많았습니다.

632년 무함마드가 죽으면서 이슬람은 '수니파'와 '시아파'로 나뉘게 됩니다. 정치와 종교의 권력을 갖는 이슬람 공동체의 지도자(칼리프)를 누구로 정할 것인지 오랫동안 싸움이 벌어진 거죠. 무함마드의 혈통이 칼리프가 되어야 한다는 시아파가 소수였고,

혈통이 아니어도 합의에 따라 칼리프를 정하면 된다는 수니파가 다수였습니다. 두 세력은 내전까지 치렀고, 결국 시아파가 패했습니다. 그런데도 시아파는 무함마드의 사촌이자 사위인 알리가 후계자가 되어야 한다고 주장하면서 이란으로 밀려납니다.

오늘날 전 세계 무슬림의 85~90%는 수니파고 나머지는 시아파입니다. 시아파는 이란, 이라크, 바레인, 레바논에서만 다수죠. 1979년 이후 수니파와 시아파는 정치적으로도 대립하고 있습니다. 이란이 이끄는 시아파와 사우디가 이끄는 수니파는 중동의 패권을 놓고 여러 나라에서 대리전쟁을 벌이고 있습니다.

중동의 운명을 바꾼 이란혁명

미국과 소련이 대결하던 냉전 시기, 중동의 여러 나라는 소련의 위협에 대항하기 위해 미국과 손을 잡았습니다. 특히 이스라엘, 튀르키예(터키), 사우디아라비아, 이란은 미국과 친했습니다. 지금은 미국과 대결하고 있지만, 당시 이란은 대표적인 친미 국가였습니다. 네 나라 중에서 인구도 가장 많고 미국 무기를 가장 많이 수입할 정도로 가까웠죠. 이란이 뚫리면 소련이 페르시아만과 인도양까지 진출하기 때문에 지리적으로도 이란은 중요했습니다.

1979년 이란혁명이 일어나면서 이란은 반미 국가로 바뀌었습니다. 팔레비 왕은 이슬람에서 벗어나 이란을 서구식 국가로 바꾸려 했습니다. 성직자와 전통 상인의 재산을 국유화하거나 제한하자 거센 반발이 일어났죠. 팔레비 왕은 비밀경찰까지 동원해 반대자들을 탄압했지만, 종교 지도자인 루홀라 호메이니가 이끄는 이란혁명이 성공하면서 팔레비 왕은 외국으로 쫓겨납니다. 이때부터 이란은 이슬람 신학자가 통치하는 이슬람 공화국이 됩니다. 국민의 선거로 대통령과 국회의원을 뽑고 정부를 운영하는 것은 다른 공화국과 비슷하지만, 이슬람 최고 지도자가 이슬람 정신에 맞게 정치하도록 통제하는 특이한 정치 체제입니다.

이란에는 군대도 두 종류가 있습니다. 정식 군대, 그리고 집권 세력을 보호하기 위한 친위대인 혁명수비대. 혁명수비대는 국민을 감시하고 반혁명 세력을 제거해 왔습니다. 집권 세력이 정식 군대를 못 믿어서죠. 현재 25만 명 규모의 혁명수비대에는 해외에서 활약하는 특수부대도 있습니다. 이들은 여러 이슬람 국가에 이란의 혁명 체제를 수출하는 임무로 작전을 벌이고 있습니다.

주변 나라들은 왜 이란을 겁낼까?

사우디아라비아를 중심으로 쿠웨이트, 아랍에미리트, 바레인 등 페르시아만 주변 나라들은 이란에 맞서 힘을 모으고 있습니다. 왕정 국가이자 석유나 천연가스로 부자가 된 나라의 지도자들이 이란을 두려워하는 이유는 무엇일까요?

첫째, 왕정 정부가 국민에게 인기가 없습니다. 왕족으로 태어났다는 이유로 왕자와 공주 들이 외국에서 돈을 펑펑 쓰며 사치와 향락에 빠져 살아가는 모습이 이슬람 정신과 멀다고 보는 것이죠. 사우디는 왕족들이 정치와 경제의 권리를 모두를 쥐고 있으니 그럴 수밖에 없습니다. 반면에 이란의 이슬람 공화국 체제는 종교 지도자가 최고 권위를 갖고 있지만, 선거를 통해 평민도 대통령이 될 수 있습니다. 사우디 같은 왕정 국가들은 석유로 벌어들인 돈으로 국민을 지원하면서 불만을 잠재우고 있지만 늘 불안할 수밖에 없습니다. 국민들이 반란을 일으키거나 이란이 쳐들어오기라도 하면 큰일이니까요. 사우디는 석유에 의존하는 경제를 넘어 네옴시티와 같은 첨단 미래 도시를 건설하며 미래 산업을 키우는 새로운 길을 찾고 있습니다.

둘째, 이란은 군사력이 막강합니다. 사우디는 미국 무기를 대량 수입해서 군사력이 약하지는 않지만, 인구가 약 3,600만 명으로 외국인 노동자가 없으면 나라가 돌아가지 않습니다. 반면 이란은 인구가 약 8,800만 명이고 외국인 없이도 살 수 있습니다. 또한 이란은 많은 탄도미사일과 공격용 드론, 막강한 육군이 있어서 사우디를 비롯한 주변 국가들의 석유시설을 언제든 불바다로 만들 수 있습니다. 이런 이란이 사우디의 주변 나라들을 하나씩 시아파 세력으로 끌어들이고 있으니 왕정 국가들은 걱정이 가득합니다.

셋째, 사우디 주변 나라들을 이란이 지원하는 시아파 세력이 장악하고 있습니다. 이라크의 독재자 사담 후세인은 1990년 석유가 많이 나는 옆 나라 쿠웨이트를 침공해 차지했습니다. 쿠웨이트의 왕족들은 사우디로 피난을 갔고, 사우디는 미군이 이끄는 연합군에 참여하면서 이라크와 전쟁을 벌였습니다.

미국은 2003년 제2차 걸프전쟁(이라크전쟁)을 일으켜서 결국 후세인을 제거했습니다. 하지만 후세인 정권과 수니파 군대가 무너지자 이라크는 내전에 빠져 버렸습니다. 흩어진 이라크 군대의 상당수가 IS 세력으로 흡수되면서 이라크와 시리아까지 아수라장으로 변했습니다. IS는 수니파의 무장단체로 전 세계를 이슬람 국가로 만드는 것이 목적이죠.

내전을 치른 시리아와 레바논도 이란의 영향력 아래 놓였습니다. 시리아는 IS와 전쟁을 하는 과정에서 수니파 반군과 시아파

정부군이 내전을 벌여 수백만 명의 난민이 생겨났습니다. 수니파가 다수지만 인구의 9%인 시아파 정부군이 승리한 거죠.

시리아의 옆 나라 레바논도 종파 갈등으로 내전을 치른 끝에 시아파의 무장단체인 헤즈볼라가 정권을 장악했습니다. 이란은 이라크, 시리아, 레바논에 이어 이스라엘의 가자지구에 있는 이슬람 무장단체 하마스도 지원하고 있습니다. 시리아와 레바논은 이스라엘과 사우디에 큰 위협입니다.

사우디와 남부 국경이 맞닿은 예멘에서도 2004년부터 시아파 세력인 후티 반군이 수니파 정부군과 내전을 벌이고 있습니다. 여기서도 사우디는 수니파를 지원하고 이란은 시아파를 지원하면서 대리전쟁을 벌이고 있습니다.

넷째, 페르시아만 주변에 시아파가 많이 살고 있습니다. 사우디는 수니파 나라지만 동부 해안 쪽에는 인구의 10%인 300만 명 정도의 시아파가 살고 있습니다. 카타르, 바레인도 지도층은 수니파지만 시아파가 많습니다. 만약 이 지역의 시아파가 이란혁명을 지지하면서 이란 편으로 돌아서면 어떻게 될까요? 석유 대부분이 생산되는 이곳이 사라지면 사우디의 운명은 바람 앞의 등불입니다. 이미 이라크가 이란의 손에 떨어지는 것을 보았으니 이란을 견제하는 데 온 힘을 기울일 수밖에 없죠.

다섯째, 이란이 핵무기를 거의 완성하기 직전에 이르렀습니다.

조금만 더 하면 되는 상태에서 이란은 미국에 핵 개발을 멈출 테니 경제제재를 풀라고 요구하고 있습니다. 이스라엘과 사우디에 이란의 핵미사일이 날아오는 것은 악몽과 같습니다.

이란과 미국은 화해할 수 있을까?

이란은 반미 국가지만 미국은 이란을 다시 자기편으로 끌어들이고 싶어 합니다. 테러 세력을 막으려면 중동 지역이 안정되어야 하기 때문이죠.

미국은 1990년 걸프전쟁을 벌여 이라크의 독재자 후세인을 몰아내고 이라크를 민주주의 국가로 만들려 했지만 실패했죠. 오히려 이라크는 끝없는 내전에 빠졌습니다. 미국은 중동에서 발을 빼고 있지만, 중동이 계속 혼란하면 알카에다나 IS 같은 극단적 세력이 강해질 수 있습니다. 무장단체들이 세계를 상대로 테러를 저지르는 것을 막으려면 중동이 안정되어야 합니다. 그러기 위해 미국은 이란, 사우디아라비아, 튀르키예, 이스라엘이 어느 정도 힘의 균형을 유지하기를 바라는 겁니다.

미국이 중국과 러시아를 견제하려면 석유와 천연가스가 풍부한 데다 페르시아만을 장악하고 있는 이란이 필요합니다. 2015년 미국의 버락 오바마 대통령이 이란과 핵 합의를 한 것도 이런 이유입니다. 이 합의로 이란은 핵 개발을 포기하고 미국은 경제제재를 해제했죠. 그러나 트럼프 대통령은 이란과의 합의를 깨고 다시 사우디와 이스라엘 편으로 돌아섰습니다. 바이든 대통령은 다시 이란과 핵 개발 중단을 약속받고 경제제재를 풀려 했지만, 사우디와 이스라엘의 반발이 거셉니다. 사우디와 이스라엘이 러시아의 우크라이나 침공에서 미국 편을 적극적으로 들지 않은 것도 이란 문제가 원인입니다.

사우디를 비롯한 수니파 왕정 국가들은 이스라엘과 협력하려고 합니다. 이란이라는 공동의 적이 있기 때문이죠. 한편 2020년부터 사우디와 이란은 서로 협력하려는 노력을 보였습니다. 이란은 미국의 제재에서 벗어나 국제 사회로 돌아가고 싶어 하고, 사우디는 미국이 이전처럼 자신들을 보호해 주지 않기에 이란과의 싸움을 피하려 합니다. 2023년 중국의 중재로 두 나라는 다시 손을 잡았습니다. 사우디가 네옴시티와 같은 대규모 개발 사업에 성공하려면 이란의 공격을 받지 않아야 하기 때문입니다.

☀ 토론해 볼까요? ☀

· 중동의 정세가 불안해지면 우리나라에는 어떤 영향이 있을까요?

탈레반이
아프가니스탄을
점령했다고?

"아프가니스탄에서
철수하는 미군"

"정권 잡은 탈레반,
아프간 수도 점령

"탈레반 피해 목숨 걸고
아프간 탈출하는
난민들"

강이 뉴스 보니까 2021년 여름 아프가니스탄에서 미군이 20년 만에 철수했다는데 미군은 그 나라에 왜 그렇게 오래 있었던 거야?

별이 전쟁한 거 아닐까? 미국하고 아프가니스탄하고.

산이 그게 아니라 미군이 아프가니스탄 땅에서 탈레반이라는 무장 단체랑 싸웠던 거야. 미군은 아프가니스탄 정부군을 도와준 거고.

강이 탈레반도 아프가니스탄 사람들이지? 그럼 자기 나라 사람들 끼리 싸우는 거네.

산이 맞아. 내전이라고 할 수 있지.

강이 내전이라는데 왜 다른 나라들이 얽혀 있는 걸까? 미국이나 러시아, 중국 이야기도 자꾸 나오던데.

별이 (고개를 갸우뚱거리며) 그런데 아프가니스탄이 어디에 있어? 아프 리카에 있나?

아프가니스탄(아프간)은 유럽과 아시아를 통틀어 말하는 유라시아 대륙의 중앙에 있는 나라입니다. 고대부터 동서를 잇는 무역로인 실크로드의 주요 통로였습니다. 지금도 북쪽에 중앙아시아, 서쪽 에 이란, 남쪽에 파키스탄과 인도, 동쪽은 중국과 국경을 접하고 있습니다.

길목에 위치한 아프가니스탄은 주변의 거대한 제국이 세력을 넓힐 때마다 전쟁에 휘말렸습니다. 페르시아제국, 마케도니아제국, 몽골제국 등을 거치면서 다양한 문화와 민족이 뒤섞이게 된 나라랍니다.

험한 산줄기로 이루어진 땅

아프가니스탄은 '제국의 무덤'이라고들 합니다. 영국, 소련, 미국 같은 강대국들이 아프간에 들어갔지만 많은 피해만 본 채 돌아와야 했기 때문입니다.

아프간은 국토의 대부분이 바위와 돌로 가득한 고산 사막 지대입니다. 특히 북동부는 5,000m가 넘는 험준한 산악 지대여서 몽골군의 기마병도 들어오지 못했습니다. 소련군이 전차를 몰고 올 수도 없었죠. 걸어 올라야 하는데, 그나마 헬기로 이동하는 것이 가장 편리합니다. 통신도 안 되는 곳이 많아서 군사 작전을 펼치기가 어렵습니다. 전쟁에서 아프간의 특수부대(게릴라)들은 산악 지형을 이용해 기습 공격을 한 뒤 흩어져, 이들을 쫓는 것은 쉽지 않습니다. 숨어 있는 저격수의 총에 수많은 영국군과 소련군이 희생되기도 했습니다.

아프가니스탄과 주변 나라들의 지형

아프간은 과거부터 험한 산줄기에 고립된 지역이 많아서 수도 카불에 자리한 중앙 정부가 지방을 통제하기 어려웠습니다. 골짜기마다 자리한 다양한 부족들은 외국 세력에 적대감이 크고 용맹합니다. 아프간을 점령하는 것은 아주 어렵고, 경작할 만한 땅이나 약탈할 것도 별로 없어서 침략군들은 이곳에서 지옥을 경험하다 결국 물러나고는 했습니다.

강대국들이 그은 국경선

19세기부터 20세기 초까지 영국과 러시아는 세계 곳곳을 지배하기 위해 경쟁을 벌였습니다. 유럽, 중앙아시아, 동아시아 등에서 세력을 키우는 러시아와 이를 저지하는 영국이 치열하게 대립했습니다.

러시아가 아프가니스탄 북부의 여러 나라를 점령하자 당시 인도를 지배하던 영국은 위기를 느꼈습니다. 두 나라는 아프간을 차지하려고 세 차례나 전쟁을 했습니다. 영국군도 산악지대에서 어려움을 겪었고, 1919년 아프간은 독립하게 됩니다. 하지만 영국은 국경선을 마음대로 그어서 러시아와 인도 사이에 있는 아프간을 완충지대로 만들었습니다. 식민 지배하는 인도와 러시아의 충돌을 방지하기 위해 아프간을 중립 지대로 만든 거죠.

아프가니스탄은 '파슈툰족이 사는 땅'이라는 뜻입니다. 파슈툰족은 아프간 인구의 40%에 달하는 다수 민족이죠. 영국은 파슈툰족을 분열시키려고 아프간 영토의 3분의 1을 영국령(지금의 파키스탄)으로 만들었습니다. 파슈툰족이 살고 있는 아프간과 파키스탄 접경 지역은 통제되지 않는 곳이어서 지금도 난민과 탈레반 세력이 오가고 있습니다. 파키스탄에 살고 있는 파슈툰족은 아프간과 통일되기를 원해 독립운동을 벌이고 있습니다. 하지만 파키스탄은 파슈툰족이 아프간과 하나가 되어 강해지는 것을 원하지 않습니다. 바로 이웃한 나라가 강해지면 좋을 게 없으니까요.

또다시 일어난 내전

왕정 국가로 독립한 아프가니스탄은 1919년부터 1970년대까지 서구화 개혁과 점진적인 이슬람 개혁을 추진했습니다. 물론 서구화는 수도 카불에 한정된 것이었고, 고립된 지방의 삶은 과거와 크게 다르지 않았습니다.

1970년대 후반 쿠데타로 왕정이 폐지되고 아프가니스탄 내전이 시작됩니다. 새롭게 등장한 정권인 아프가니스탄공화국은 이슬람 개혁 정책을 추진하면서 공산주의자를 억압했습니다. 그러자 공산주의자들은 쿠데타를 일으켜 1978년 공산 정권을 세웠습니다. 이들은 공산화와 사회 개혁을 해나가면서 이에 저항하는 전통 무슬림들을 무자비하게 탄압했습니다.

공산 정권은 곧 무슬림 세력에 밀리게 되었습니다. 위기에 처한 공산 정권을 지키기 위해 1979년 아프간에 소련군이 들어왔습니다. 하지만 소련군도 산악 지대에서 아프간의 무자헤딘 반군이 벌인 게릴라전에 시달렸습니다. 소련은 10년간 전쟁을 했지만 일부 도시 지역을 제외하면 통제력을 잃었습니다.

당시 소련과 냉전을 벌이던 미국은 소련의 영향력이 커지는 걸 막기 위해 소련이 전쟁에서 지게 하려 했습니다. 중동의 이슬람 산유국들이 미국의 지원을 받아서 무기와 전쟁 자금을 아프간 무장단체에 지원했습니다. 이 전쟁은 공산주의자들로부터 이슬람을 지키는 성전(지하드)으로 불리면서 여러 나라의 이슬람 전사들이 참가했습니다. 그중에는 사우디아라비아에서 온 오사마 빈 라덴 같은 이슬람 원리주의자가 많았습니다.

국제 석유 가격마저 떨어지면서 경제가 어려워진 소련은 1989년 결국 군대를 철수했습니다. 얼마 지나지 않아 소련은 붕괴하고, 아프간의 공산 정권도 몇 년 지나지 않아서 무너졌습니다. 소련이 물러난 후, 여러 군인 세력이 느슨하게 연합해 있던 무자헤딘 반군은 또다시 서로 정권을 차지하기 위해 권력 투쟁을 벌여 1992년부터 1996년까지 내전이 이어졌습니다.

탈레반, 아프가니스탄을 차지하다

파슈토어로 '학생'을 뜻하는 탈레반은 이슬람교의 원리를 극단적으로 추구하는 이슬람 극단주의 무장단체입니다. 현재 아프가니스탄을 지배하고 있죠.

사우디아라비아는 정치, 사회, 문화 등 모든 면에서 이슬람교의 원리를 따라야 한다는 이슬람 원리주의를 건국 이념으로 삼는 매우 보수적인 나라입니다. 이들은 옆 나라 파키스탄에 이슬람 기숙학교를 세우고 전쟁고아가 된 파슈툰족 아이들을 데려다 전사로 키워 냈습니다. 8년 가까이 세상과 격리된 채 이슬람 율법만 배운 아이들은 탈레반 전사로 성장했습니다.

오랜 내전과 폭정에 지친 아프간 사람들을 돌봐 주고 보호해 준 것은 탈레반이었습니다. 탈레반은 많은 지역에서 지지를 받으며 아프간을 장악하게 됩니다. 하지만 탈레반은 불교 유적을 폭파하고, 여성에게 극단적인 이슬람 율법인 샤리아를 요구하는 등 잔혹한 행위를 했습니다. 결국 많은 아프간 사람이 난민이 되어 이란, 튀르키예, 파키스탄으로 넘어가게 되었습니다.

아프간은 사막과 산악 지역이 대부분이어서 농사짓기가 어려운 환경입니다. 오랜 내전으로 파괴된 땅에서 먹고살 길이 없는 사람들은 마약의 원료인 양귀비를 재배하기 시작했습니다. 양귀비 재배지가 점점 늘어나 아프간은 전 세계 아편 생산의 90%를 공급하는 마약의 중심지가 되었습니다. 탈레반과 군인들은 아편을 만들어 팔며 자금을 조달했습니다.

9·11 테러가 왜 일어났냐면

1990년대 중동은 이라크의 독재자 후세인이 쿠웨이트를 침공하고, 걸프전쟁이 벌어지는 등 상당히 불안한 상황에 놓였습니다. 미국은 석유를 안정적으로 공급받는 것이 중요했기 때문에 사우디아라비아에 미군을 주둔해 주변 세력을 견제했습니다. 사우디 정부는 이를 받아들였지만, 탈레반은 이슬람의 성지인 메카가 있는 나라(사우디)에 외국 군대가 들어왔다는 것에 분노했습니다.

그중에는 국제 테러 단체인 알카에다를 만든 빈 라덴도 있었습니다. 그는 원래 미국의 친구였습니다. 미국의 지원을 받으며 아프가니스탄에서 이슬람 전사들을 훈련시키고 무기를 공급하며 소련군과 싸웠습니다. 하지만 그는 걸프전쟁이 끝난 이후에도 기독교 국가인 미국의 군대가 사우디에 계속 남아 있는 것에 분개했습니다. 1996년 그는 미국에 대한 전쟁을 선포하고, 미국인과 이스라엘인을 상대로 테러를 하도록 지원했습니다.

2001년 9월 11일, 전 세계가 깜짝 놀랄 일이 벌어졌습니다. 빈 라덴이 알카에다 조직원을 동원해서 미국에 테러를 일으킨 것입니다. 알케에다 조직원들은 뉴욕으로 향하는 비행기를 공중에서 납치해 맨해튼의 국제무역센터와 미국 국방부 청사에 충돌시켰습니다. 거대한 빌딩이 무너지고 수많은 사상자가 생기자 미국은 복수를 외쳤습니다. 탈레반에게 당장 숨어 있는 빈 라덴을 내놓으라고 했지만 거부당했죠.

이후 미국은 연합군과 함께 아프간을 공격했습니다. 미국은 탈레반의 반대 세력인 북부동맹과 협력해 주요 도시를 빼앗고 3개월도 안 되어 탈레반을 제압했습니다. 그러나 미국은 제2차 걸프 전쟁(이라크전쟁) 준비에 정신이 팔린 나머지 완벽하게 아프간을 장악하지 못했습니다. 미국이 이라크와 전쟁을 벌이는 동안 탈레반은 산악 지대와 해외로 피하면서 세력을 유지했습니다. 탈레반은 파키스탄에 있는 파슈툰족의 도움으로 힘을 키우고 국경을 오가며 활동했습니다.

미국은 2011년 마침내 빈 라덴을 사살했습니다. 이후 미국은 아프간에 민주주의 정부를 세우려고 했습니다. 미군이 머무는 동안 도시의 여성들은 훨씬 인간다운 삶을 살게 되었죠. 하지만 미군이 막대한 자금을 지원한 아프간 정권은 부정부패가 심했기 때문에 국민의 지지를 받지 못했습니다. 그리고 지난 2021년 8월, 미국은 텔레반과 협상을 맺고 아프간을 떠났습니다.

탈레반이 외국 군대에 협력한 사람들을 가만두지 않을 것은 뻔했습니다. 다행히 우리나라 정부는 수백 명의 아프간 협력자들과 가족을 우리나라에 안전하게 데려왔습니다. 내란과 전쟁으로 얼룩진 아프간에서 또다시 극단주의 이슬람 세력 간에 다툼이 일어나고 있습니다. 난민의 탈출도 이어졌습니다.

　미군이 철수한 이후 아프간은 경제적 어려움을 겪고 있습니다. 설상가상으로 2022년 6월에 일어난 대지진으로 1,500여 명이나 사망하는 등 자연재해로도 고통을 겪고 있습니다. 이렇게 혼란한 상황에 탈레반 정권이 아프간을 잘 이끌어 나갈 수 있을지 의문입니다.

✹ 토론해 볼까요? ✹

· 세계 곳곳에서 전쟁과 재난으로 난민이 생겨나고 있습니다. 난민에 대한 여러분의 생각을 이야기해 보세요.

나일강에서 일어난 물 분쟁

"이집트·에티오피아·수단,
아프리카 3국의
나일강 물 분쟁"

"'나일강에
초대형 댐 건설?'
물 전쟁 터질지도 몰라"

강이 세계에서 제일 긴 강이 어딘지 알아?

별이 그 정도는 알지. 나일강이잖아. 아프리카에 있고, 여러 나라를
거쳐서 흐르지.

강이 제법인데? 나일강에 댐을 세우는 문제로 싸운다는 뉴스가 가
끔 나오더라. 어느 나라끼리 싸우는지 알아?

산이 나일강 상류에 있는 에티오피아에서 큰 댐을 세운대. 댐에 물
을 가두면 나일강 하류 쪽 물이 줄어들까 봐 이집트가 반발하
나 봐.

별이 어~ 이상한데. 지도를 보면 이집트가 북쪽이고, 에티오피아가
남쪽인데. 강물이 남쪽에서 북쪽으로 흘러?

산이 물은 북쪽에서 남쪽으로 흐르는 게 아니라 높은 데서 낮은 곳으
로 흐르잖아. 에티오피아가 높은 고원 지대여서 나일강이 이집
트를 거쳐 북쪽 지중해로 흘러 들어가는 거지. 세계지도를 보면
북쪽으로 흐르는 강도 많아.

강이 상류에 댐을 세우면 이집트가 싫어하긴 하겠다. 그런데 나일
강을 공유하는 다른 나라들은 어떨까?

아프리카에 있는 나일강은 6,650km를 흘러가는 아주 긴 강입니
다. 특이한 것은 거대한 사하라사막을 가로질러 가면서도 마르지
않는다는 거죠.

나일강은 두 개의 물줄기가 수단에서 만나 이집트를 거쳐 지중해로 흘러갑니다. 한 줄기는 적도 부근에 있는 나라인 부룬디의 샘에서 생겨나 빅토리아호를 거쳐 흐르는 '백나일'이고, 다른 하나는 에티오피아의 고원 지대에서 생겨난 '청나일'입니다.

백나일의 상류인 빅토리아호 주변 지역을 중앙아프리카라고 하는데, 열대우림 기후여서 늘 비가 많이 내리기 때문에 나일강에 물을 공급해 줍니다.

이집트의 운명은 나일강에 달렸어

나일강 하류에 있는 이집트에서는 강물이 넘치면서 홍수가 나기도 하는데, 이집트는 오랜 세월 이런 홍수를 극복하며 살아 오고 있습니다.

에티오피아 고원 동쪽과 청나일 주변 지역은 사바나 기후여서 우기와 건기가 뚜렷합니다. 우기 때 엄청난 비가 내리면 불어난 강물이 하류로 밀려 내려갑니다. 이때 나일강 하류로 물이 흘러가는데 대부분은 청나일에서 오는 것이죠.

나일강 하류 지역에 서서히 물이 불어나다가 7월 말부터 범람이 시작되면 10월에 최고조에 달하고, 지중해와 가까운 나일강

중동과 아프리카

지중해

리비아

이집트

아스완댐 ▲

나일강

수단

청나일

에리트레아

7월 하순
~10월 범람
(나일강 하류)

6월 중순
~9월 우기
(청나일 상류)

그랜드 에티오피아
르네상스댐

에티오피아

차드

중앙
아프리카
공화국

남수단

백나일

콩고민주공화국

우간다

케냐

연중
강우량 일정
(벡나일 상류)

르완다

부룬디

빅토리아호

탄자니아

나일강 유역의 나라들과 댐

하류 지역에서는 100일 가까이 홍수가 반복됩니다. 상류에서 밀려온 토사가 쌓이면서 나일강 주변에는 자연제방이 만들어지고,

바다와 만나는 곳에는 거대한 나일강 삼각주가 생기게 되죠. 삼각주는 강물이 바다로 흘러드는 입구에 모래나 흙 등이 쌓여서 만들어진 평평한 지형입니다. 물이 빠진 자연제방 너머 저지대는 땅이 비옥합니다. 사람들은 이곳에서 밀과 보리를 재배하며 문명을 꽃피웠습니다. 규칙적으로 생긴 비옥한 토양과 나일강 물에 의존해서 이집트문명이 발전한 거죠. 로마 시대에도 이집트는 식량 생산을 담당하는 최고의 곡창 지대였습니다.

오랜 세월 동안 이집트의 운명을 결정한 것은 나일강이었습니다. 나일강 상류에 홍수나 가뭄이 심해지면 이집트는 쇠퇴했습니다. 나일강의 수위가 일정하면 이집트문명은 번성하고 왕국의 경계도 늘어났습니다. 이집트는 나일강 홍수에서 수도를 지키기 위해 기원전 2900년에 돌로 15m 높이의 댐을 쌓기도 했습니다.

인구는 많고 물은 부족하고

아프리카에는 인구가 1억 명 이상인 나라가 여럿 있습니다. 나이지리아는 2억 명이 넘고, 그다음이 에티오피아와 이집트입니다. 에티오피아와 이집트는 각각 2015년과 2020년에 인구 1억 명을 넘겼습니다.

19세기에 400~500만 명 정도이던 이집트 인구는 어떻게 120년 만에 급격하게 늘어난 걸까요? 영국은 1902년 식민지인 이집트에 아스완댐을 세웠습니다. 물을 경작지로 보내는 관개수로가 건설되면서 인구가 2,500만 명으로 급증했습니다.

이집트는 1971년에 그보다 조금 더 상류에 아스완하이댐을 지었습니다. 먼저 지은 아스완댐보다 규모가 30배 이상 커서 2년 치의 물을 저장해 나일강의 긴 가뭄도 이겨낼 수 있게 된 겁니다. 2000년에 7,000만 명이던 인구는 그렇게 오늘날 1억 명을 돌파했습니다. 1년에 200만 명씩 증가하는 추세여서 2030년에는 이집트 인구가 1억 2,800만 명으로 늘어날 전망입니다.

이집트는 '두 자녀 낳기' 캠페인을 하며 인구가 더 느는 것을 막으려 하고 있지만, 효과가 없습니다. 이렇게 인구가 늘면 문제가 많아집니다. 이집트는 1970년대 초까지만 해도 식량을 수출하던 나라였습니다. 그러나 이제는 밀과 같은 식량을 러시아와 우크라이나 등에서 수입하고 있습니다.

이집트의 면적은 한국의 약 10배인데, 인구는 2배 수준이니 괜찮다고 생각할 수도 있습니다. 문제는 국토의 95%가 건조한 사막이어서 사람들 대부분이 좁은 나일강 계곡과 삼각주에 몰려 산다는 거죠. 그 때문에 도시 밀집도는 상상을 초월합니다. 교통 혼잡도 서울을 능가합니다. 매년 70만 명 이상의 젊은이가 일자리를 찾아 사회에 나오지만 일할 곳도 마땅히 없습니다. 주거 문제도 심각하죠. 수도 카이로에만 3,000만 명이 넘게 살아서 주변 사막이나 농경지까지 도시가 확대되고 있습니다. 이 같은 인구 증가와 도시 생활권 확대는 심각한 물 부족 사태를 불러옵니다.

에티오피아는 왜 댐을 짓고 싶어 해?

에티오피아는 아프리카에 있으니 무척 더울 것 같죠? 그런데 생각보다 찌는 듯한 더위는 없답니다. 왜 그럴까요? 에티오피아의 영토는 대부분 해발 1,000m 이상이고, 1,500~4,550m의 고원 지대도 많습니다. 우리나라 가을과 날씨가 비슷해서 사람들은 늘 긴소매 옷을 입고, 열대 풍토병도 적습니다.

인구가 1억 명이 넘는 에티오피아는 이집트보다 경제가 더 어렵습니다. 가난한 농업 국가인 에티오피아는 커피, 참깨 같은 농산물과 광물 자원을 수출합니다. 제조업을 키워서 발전하려 하지만, 도로망도 전기도 부족합니다. 연료를 구하러 먼 곳까지 가서 땔감으로 쓸 나무를 베기 때문에 황무지는 점점 늘어났죠.

에티오피아 정부는 고산 지대에 적합한 수력발전과 풍력발전을 개발해야겠다고 생각했습니다. 초원 지대에는 태양광을 깔고

화산 지대에는 지열발전도 개발하고 있습니다.

에티오피아는 청나일 상류에 공사비 46억 달러(약 5조 원)를 투자해 그랜드 에티오피아 르네상스댐을 짓기 시작했습니다. 이 댐이 완공되면 서울 면적 3배 크기의 저수지가 생깁니다. 전력 생산은 2022년 초부터 시작되었고 댐이 몇 년 내에 다 지어지면 국내 전기 수요의 3분의 2를 공급할 만큼의 전기를 생산하게 됩니다. 에티오피아는 이웃 나라에도 전기를 수출해서 경제를 성장시킬 계획입니다. 댐이 본격적으로 가동되면 산업과 국가 발전에 큰 도움이 될 것입니다.

이집트와 수단, 누구 마음대로 댐을 지어?

나일강 분쟁은 100년간 이어져 왔습니다. 영국이 이 지역을 지배하던 1929년, 영국 정부는 나일강 상류 댐 사업에 대한 이집트의 거부권을 인정했습니다.

에티오피아는 오래전부터 댐을 짓고 싶어 했지만, 아랍권을 대표하는 나라인 이집트는 아스완댐 위쪽 나일강 상류에 다른 댐을 건설하지 못하게 했습니다. 심지어 댐을 지으면 폭격을 하겠다며 위협도 했죠.

옛날에 에티오피아는 거대한 댐을 지을 돈도 힘도 없었습니다. 그러나 이제 이집트의 패권이 이전보다 약해지면서 에티오피아도 이집트에 큰소리를 칠 수 있게 되었습니다.

에티오피아가 르네상스댐 건설을 시작할 때부터 수단과 이집트는 나일강의 물이 크게 줄어들 수 있다며 반대했습니다. 두 나라는 나일강을 지키기 위해 함께 군사 훈련을 하기도 했습니다.

하지만 수단은 이집트와 생각이 약간 다릅니다. 수단은 나일강 중류에 있어서 매년 홍수 피해가 큽니다. 댐이 만들어지면 홍수가 줄어들고 에티오피아에서 전기도 싸게 수입할 수 있으니 수단에게는 이득인 거죠. 반면 이집트는 에티오피아가 나일강을 통제하는 것을 두려워합니다. 이집트는 식수와 농업용수 등 수자원의 90% 이상을 나일강에 의존하고 있습니다. 나일강의 물이 줄어들면 이집트는 미래가 없습니다. 나일강 유역에 있는 세 나라는 10년 넘게 회담을 벌였지만 뜻을 모으지 못했습니다.

물이 석유보다 중요해지는 시대

가난한 농업 국가 중 거대한 강을 끼고 있는 나라들은 강물을 이용해 산업을 발전시킬 계획이 있습니다. 문제는 인구가 늘고 도시와 산업이 성장할수록 물 수요가 급증한다는 것입니다. 물이 부족하면 식량 생산도 어렵고 공장도 멈춰야 합니다.

티그리스강, 메콩강, 아마존강 등 전 세계에서 수자원을 둘러싼 문제는 더 심해질 겁니다. 우리가 마시는 생수만 해도 지나친 개발로 지하수 오염 등의 문제를 일으키죠. 물 부족을 극복하려면 환경 친화적인 댐을 지어 수자원을 잘 활용하는 것도 중요하고, 생태계도 보호해야 합니다. 물은 인간에게 가장 중요한 자원입니다.

✹ 토론해 볼까요? ✹

· 물 부족 문제를 해결하기 위한 방법에는 어떤 것이 있을까요?

· 여러 나라를 거쳐 흐르는 강은 한 나라의 자원일까요, 여러 나라가 공유하는 자원일까요?

자원이 많아서 슬픈 콩고민주공화국

"민주콩고 광산에서
중국인 3명,
괴한들 총에 맞고 사망"

"전기차 시대의 강국
민주콩고,
코발트 광산 수익은
어디로?"

별이 우리가 오늘 뉴스에서 본 나라는 콩고민주공화국이야. '민주콩고'라고도 부르지.

강이 민주콩고에서는 전기차에 필요한 원료가 많이 난대.

산이 없는 자원이 없다더라고.

별이 그럼 민주콩고는 부자 나라겠다.

강이 민주콩고가 부자 나라라는 말은 들어본 적이 없는데….

산이 자원이 많아도 어렵게 사는 나라가 많아. 오히려 자원이 많아서 전쟁도 자주 나고 힘들어해.

강이 도대체 이유가 뭘까? 다른 나라들이 자원을 탐내서 그런가?

별이 아프리카 뉴스가 드물어서 몰랐는데, 이유를 알아봐야겠어.

콩고민주공화국(민주콩고)은 아프리카 대륙의 중심부에 있습니다. 수단, 알제리에 이어 아프리카에서 세 번째로 넓은 나라입니다. 서유럽 전체 면적과 비슷한 수준이죠. 인구도 1억 명에 가깝습니다. 이름이 비슷하지만 다른 나라인 콩고공화국과는 면적과 인구 면에서 차이가 큽니다. 흔히 '콩고'라고 하면 콩고민주공화국을 말하는 경우가 많습니다.

민주콩고는 적도 부근에 있어서 아마존 다음으로 넓은 열대우

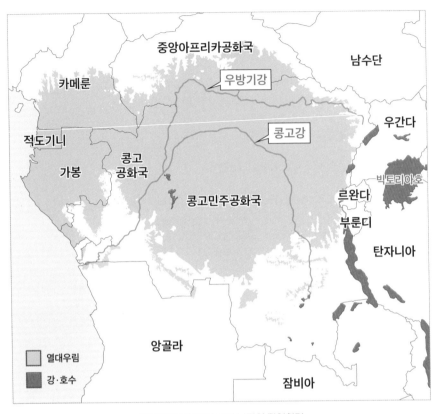

콩고민주공화국과 주변 나라의 자연환경

림으로 덮여 있습니다. 거대한 콩고분지에는 아프리카에서 두 번째로 긴 콩고강이 흐르고 있죠. 민주콩고는 1년 내내 비가 많이 내려서 공코강은 수심이 세계에서 가장 깊기로 유명합니다.

자원이 많아도 못 웃는 나라

민주콩고공화국은 다이아몬드, 금, 구리, 주석, 우라늄, 코발트, 콜탄, 석유 등 자원이 풍부한 나라입니다. 자원의 매장량이 세계에서 차지하는 순위는 코발트 1위, 구리 2위, 산업용 다이아몬드 3위입니다. 일찍부터 우라늄으로도 유명해서 미국이 제2차 세계대전 때 사용한 원자폭탄에도 민주콩고의 우라늄을 사용했다고 합니다.

민주콩고는 땅이 넓고 노동력과 자원이 풍부해서 발전할 가능성이 큰 나라입니다. 하지만 오랜 내전으로 군사력도 약하고, 자원이 풍부한 동부 지역은 반군이 장악하고 있어 통제가 어렵습니다. 여덟 개 나라와 국경을 접하고 있어서 주변에서 일어나는 문제에 영향을 받기도 쉽습니다.

벨기에가 벌인 콩고 대학살

과거 유럽은 아프리카 서부 해안 지역을 차지하고 노예무역을 했습니다. 19세기 중반 이후에는 미지의 땅이던 아프리카 내륙의 지리를 알게 되면서 식민지를 넓혀 갑니다.

14세기 말부터 콩고(콩고공화국)와 민주콩고(콩고민주공화국) 지역에는 콩고왕국이 있었습니다. 그러나 이후 서구 제국주의 국가들은 콩고강을 중심으로 콩고왕국을 둘로 분리했습니다. 콩고강 서쪽(현재 콩고)은 프랑스, 동쪽(현재 민주콩고)은 영국이 차지했죠. 1884년부터 제국주의 국가들은 자기들 멋대로 아프리카를 나누는 베를린회의를 열었습니다. 1885년 콩고조약으로 콩고강의 서쪽은 프랑스, 동쪽은 벨기에의 땅이 되었습니다.

벨기에는 네덜란드에서 1839년에 독립한 유럽의 작은 나라입니다. 영국과 프랑스가 아프리카를 나눠 가지던 시기에 힘없는 벨기에가 어떻게 광대한 땅을 점령했을까요?

벨기에의 왕 레오폴드 2세는 영국이나 프랑스처럼 넓은 땅이 갖고 싶었습니다. 식민지로 적당한 땅을 찾다가 헨리 모턴 스탠리라는 유명한 탐험가를 고용해서 콩고강과 콩고 지역을 조사하고 땅을 차지해 갔습니다. 겉으로는 벨기에가 아프리카 중부를 개척하고 문명화한다고 홍보했죠. 당시만 해도 대서양 해안에서 먼 동쪽 내륙은 교통도 불편하고 자원도 별로 없어서 쓸모없어 보였습니다. 그래서 강대국들이 콩고를 벨기에에 넘겨준 겁니다.

1885년 민주콩고가 레오폴드 2세의 개인 식민지가 되면서 비극이 시작되었습니다. 상아를 수출하기 위해 코끼리를 사냥하고 광산에서 일하게 하는 등 주민들을 노예처럼 부렸지만 수익은 늘

적자였습니다.

그러다 1890년부터 자동차가 등장하면서 타이어에 들어가는 고무 가격이 껑충 뛰었습니다. 고무 수요가 늘어날수록 콩고인들은 더 많은 고무를 생산해야 했습니다. 처음에는 가까운 곳에 있는 고무나무를 통째로 잘랐지만, 점점 더 깊은 숲속으로 고무나무를 찾아 들어가야 했죠. 나무를 구하기는 더 어려워졌지만 필요한 양은 늘어났고, 목표치를 채우지 못하면 군인들이 콩고인들의 손목을 잘랐고, 도망치면 가족을 살해했습니다.

20여 년 동안 2,000만 명이던 인구는 900만 명을 밑돌 정도로 줄었습니다. 뒤늦게 이 사실이 알려지면서 국제적으로 비난이 쏟아졌죠. 1908년 콩고는 왕의 사유지에서 벨기에의 식민지가 되었습니다.

사람들은 학살자 레오폴드 2세와 탐험가 스탠리를 어떻게 생각할까요? 지금도 스탠리를 위대한 탐험가로만 기억하는 사람이 많습니다. 레오폴드 2세는 온갖 수탈로 벌어들인 돈으로 벨기에의 수도 브뤼셀을 멋지게 꾸몄습니다. 공원과 궁전 등 웅장한 건축물이 이때 지어졌고, 벨기에 사람들은 그를 '건축왕'이라고 부르며 좋아했습니다. 벨기에는 식민 통치로 아프리카를 발전시켰다고 말해 왔고 진실은 교과서에서도 제대로 다루지 않습니다.

식민 지배가 내전을 부추겼다고?

제국주의 국가들은 식민지를 쉽게 지배하고 그들이 독립하지 못하게 하려고 어떤 방법을 썼을까요? 집단을 갈라놓아 자기들끼리 싸우게 했습니다.

벨기에는 콩고인들이 자신의 나라를 하나의 나라로 느끼지 않게 하려고 지역을 100여 개로 나누었습니다. 1960년에서야 민주콩고는 벨기에의 식민지에서 독립합니다. 하지만 하나로 통일되지 못한 채 나라를 세우려는 여러 세력이 등장하며 분쟁이 발생하죠. 분쟁은 결국 제1차 콩고전쟁(1996~1998년)과 제2차 콩고전쟁(1998~2003년)으로 확산되었습니다. 특히 제2차 콩고전쟁 때는 아프리카 여덟 나라와 수많은 무장단체가 엉켜 싸웠습니다. 콩고 내전은 후투족과 투치족 사이의 종족 분쟁과 함께 정부군을 지원하는 짐바브웨, 앙골라, 나미비아와 반군을 지원하는 르완다, 우간다 등이 복잡하게 얽혀 있습니다.

르완다 내전에 휘말린 민주콩코

르완다와 부룬디 지역에서는 유목 민족인 투치족이 농경 민족인 후투족을 지배해 왔습니다. 벨기에는 식민 통치를 하면서 1919년부터 40년간 종족 분리 정책을 펼쳤습니다. 신분증에 인종을 표시하게 한 거죠. 코가 높고 키가 크며 피부색이 덜 검으면 투치족, 반대면 후투족이라는 식으로 분류했습니다. 그 결과 후투족이 85%, 투치족이 14%가 되었습니다. 벨기에는 유럽인과 닮은 투치족에게 권력을 주고 통치를 맡겼습니다. 투치족이 후투족에게 무거운 세금을 부과하고 강제 노동을 시키면서 두 민족은 원수 사이가 되었습니다.

1962년 벨기에의 식민 통치가 끝나자 갈등은 더 심해졌습니다. 1973년 후투족이 쿠데타를 일으켜 정권을 잡았습니다. 투치족의 2만 명이 죽고 22만 명 이상이 우간다와 탄자니아 등으로 망명했습니다. 투치족은 폴 카가메를 중심으로 1990년 반정부 세력을 결성해 르완다를 공격하면서 본격적인 내전이 시작되었습니다.

1993년 평화협정을 맺었지만 1994년 3월 후투족 출신 대통령이 탄 비행기가 격추되었습니다. 후투족 강경파는 투치족이 벌인 일이라며 투치족을 죽이라고 선동했습니다. 후투족 정부가 민간인에게 칼을 나눠 주며 학살을 부추겼고, 100일 동안 약 100만 명의 투치족이 학살당했습니다.

투치족 반군은 해외에 기반을 두고 전쟁을 벌여 1994년 7월 다시 정권을 잡았습니다. 이번에는 후투족이 피난을 갑니다. 후투족 난민에는 학살을 저질렀던 수십만 명도 있었습니다. 이들은 민주콩고를 거점으로 르완다를 공격하고 민주콩고 내전에도 개입했습니다. 르완다군은 후투족 무장단체를 무찌르기 위해 민주콩고 동부로 넘어와서 작전을 벌였습니다. 당시 조제프 카빌라가 이끌던 민주콩고 반군은 르완다와 우간다의 지원을 받아 독재자 모부투 세세 세코를 쫓아내고, 1997년 카빌라를 대통령으로 하는 민주콩고 정부를 세웠습니다.

아프리카 최악의 전쟁은
자원 때문에 일어났어

제2차 세계대전 이후 최악의 전쟁이 21세기 아프리카에서 벌어졌다는 이야기를 들어 봤나요? 아프리카는 늘 세계의 관심 밖에 있어서 사람들에게 잘 알려지지 않았죠. 미국이나 유럽에서 일어난 테러나 전쟁이 국제 뉴스를 가득 채웁니다. 그래서 아프리카에서 수백만 명의 사망자와 난민이 발생한 사실을 아는 사람은 많지 않습니다. 의외로 아프리카에 번화한 대도시와 빠르게 성장하는 나라가 많다는 사실도 잘 모르죠.

제2차 콩고전쟁은 '아프리카 대전'으로도 불립니다. 민주콩고의 카빌라 대통령은 정권을 잡도록 도와준 르완다와 우간다의 군대에게 철수할 것을 요구합니다. 하지만 르완다는 민주콩고에서 후투족 반군이 활동하는 동부를 통제해야 자기 나라도 안전할 것이라고 생각했습니다. 민주콩고군이 후투족 반군을 감당하지 못하자 르완다는 반군 편에 서게 됩니다. 후투족 반군은 민주콩고의 풍부한 지하자원을 차지하려고 침공한 것이었죠.

내전으로 군사력이 약했던 민주콩고는 남아프리카개발공동체(SADC)에 도와달라며 군대를 요청합니다. 세상에 공짜는 없죠. 민주콩고 정부는 반군과 싸울 군사 지원을 얻으려고 앙골라, 짐바브웨, 나미비아 등에 자원 채굴권이나 광산 지분을 주었습니다. 문제는 반군이 장악한 동부 지역이 다이아몬드뿐 아니라 콜탄과 코발트가 주로 생산되는 곳이라는 겁니다. 오히려 많은 나라가 자원을 노리고 끼어들면서 아프리카 대전이 발발했습니다. 이 나라들은 광산을 차지하기 위해 다양한 민병대를 만들어 가난한 아이들까지 끌어들여 총을 들게 했습니다. 광산 주변 주민들은 고향을 떠나 먼 도시로 가서 빈민 생활을 하게 되었죠. 무려 540만 명이 죽고 400만 명이 난민이 된 최악의 전쟁이었습니다.

아프리카 대전 이후 또 다른 내전도 있었지만, 유엔 평화유지군과 민주콩고 정부의 노력으로 반군 지도자를 체포했습니다. 하지만 르완다와 부룬디에서 가까운 민주콩고 이투리와 키부 같은 지역의 분쟁은 지금도 해결되지 않았고, 일부 반군 세력도 남아 있습니다.

주변 나라들은 여전히 콩고 내전을 부추기고 자원을 약탈하고 있습니다. 아프리카는 강대국들의 무기 시장입니다. 프랑스, 미국 등이 무기를 공급하면서 아프리카 대전은 더 악화되었습니다.

열대우림 파괴로 동물마저 멸종해

스마트폰과 전자 제품에 널리 사용되는 콜탄은 민주콩고에서 가장 많이 생산됩니다. 첨단 제품의 수요가 급증하면서 콜탄 가격도 덩달아 올랐죠. 반군들이 콜탄 광산을 차지하고 무기와 바꿔서 내전을 이어 갔기 때문에 내전이 오래갈 수 있던 겁니다.

콜탄은 고릴라와 침팬지가 많이 사는 숲에 매장되어 있습니다. 반군들은 콜탄을 캐기 위해 어린아이들까지 동원해서 숲을 파헤쳤죠. 결국 콜탄 때문에 서식지가 파괴되는 바람에 고릴라는 멸종 위기에 놓였습니다. 한편 민주콩고 정부가 열대우림과 국립공원에 묻혀 있는 석유와 천연가스 매장지들을 국제 경매에 부친다는 안타까운 소식도 들립니다.

민주콩고는 2021년 유엔 기후변화협약 당사국총회(COP26)에서 5년간 5억 달러(약 6,500억 원)를 지원받는 대신 2031년까지 산림 파괴를 멈추기로 약속했습니다. 하지만 2022년 러시아의 우크라이나 침공 이후 경제난과 기근이 더 심각해지면서 태도를 바꾸었습니다. 석유 기업에 땅을 넘기고 석유가 개발되면 매년 수십조 원을 벌 수 있기 때문이죠.

전기차가 전쟁을 일으킬지도 몰라

강대국들의 자원 싸움에 새로운 경쟁자가 등장했습니다. 급격하게 산업화한 중국과 인도 등이 자원 확보에 나서면서 경쟁이 더 치열해졌습니다. 이들에게 아프리카의 분쟁 지역은 자원을 값싸게 구할 수 있는 보물 창고입니다. 강대국과 다국적 기업 들은 내전을 빨리 끝낼 생각이 없습니다. 이익이 된다면 분쟁을 부추기기도 했습니다. 이렇게 구한 광물 자원이 세계 여러 나라로 유통되어 왔습니다. 여러분이 쓰는 스마트폰에도 이런 자원들이 들어갔을지 모릅니다.

현재 아프리카에서 자원을 가장 많이 확보한 나라는 중국입니다. 중국은 '일대일로' 사업을 펼치며 앙골라의 석유 개발에 몰두했습니다. 중국은 전기차 산업이 성장한 2000년대 후반부터 배터리의 원료인 구리와 코발트가 많은 민주콩고에 집중했죠. 민주콩고는 세계 코발트 생산의 70%를 담당하는데, 그중 대부분을 중국이 가져가 가공합니다. 중국은 민주콩고에 도로와 주택 등 대규모 기반시설을 지어 주며 광산 투자를 늘렸습니다.

2030년이 되면 전기차는 대세가 될 것입니다. 미국과 중국이 서로 차지하려고 다투던 코발트 광산은 현재 중국이 장악하고 있습니다. 중국은 미국 광산 업체가 휘청일 때 광산을 사들이면서 대부분의 코발트 광산을 차지하게 되었습니다.

아프리카에서 중국은 현지 노동자들을 열악한 환경에서 일하게 하고 인종차별을 한다며 비난받고 있습니다. 중국을 싫어하는 여론이 높아지면서 2020년대 들어서는 민주콩고 정부도 중국의 광산 운영권을 제한하는 조치를 하기도 했습니다. 앞으로 미국을 중심으로 한 서방 세력과 중국의 경쟁은 아프리카에서 자원 전쟁으로 이어질지 모릅니다.

자원보다 소중한 평화와 화합

2018년 민주콩고는 독립 이후 처음으로 대통령 선거를 통해 야당 지도자가 당선되면서 평화적으로 정권이 바뀌었습니다. 하지만 민주콩고가 갈 길은 아직 멉니다. 정치는 부패했고 분쟁 지역은 여전히 불안정합니다. 경제는 자원 수출에 의존하고 있죠. 정치가 안정되고 분쟁이 해결되면 풍부한 자원을 제대로 이용하게 되고, 세계와 협력하면서 발전해 나갈 겁니다. 하지만 분쟁이 그치지 않으면 자원이 불행의 씨앗이 될 수 있다는 점도 기억할 필요가 있습니다.

✦ 토론해 볼까요? ✦

· 자원이 풍부한데도 가난한 나라가 많은 이유는 무엇일까요?

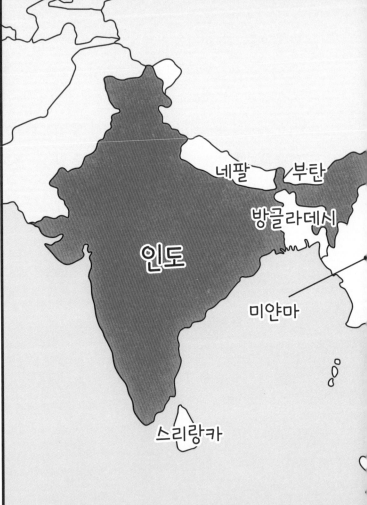

5

📍 **인도와 동남아시아**

네팔 부탄

방글라데시

인도

미얀마

스리랑카

싱가포르

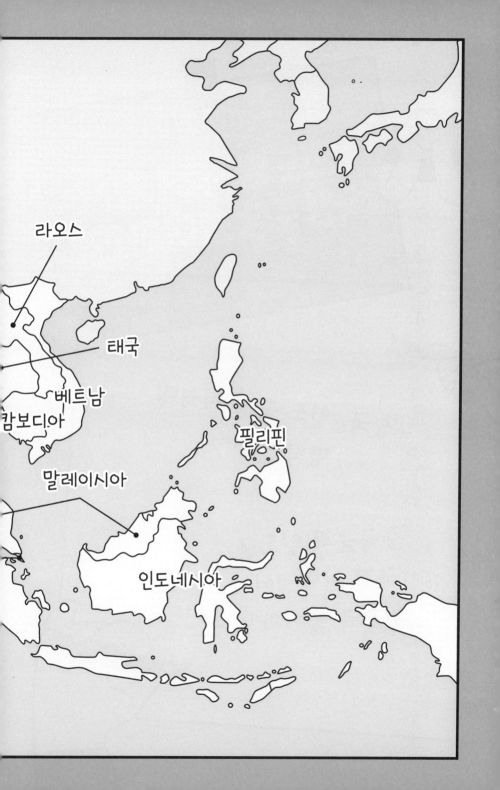

인도 땅? 중국 땅?
국경 분쟁 중이라고?

"중국, 인도 국경 지역에
병력 늘려"

"중국군과 인도군
국경 지대에서
난투극 벌이다"

강이   세계 분쟁 지역 중에서 국경선이 가장 길게 닿아 있는 두 나라
       가 어디게?

별이   힌트 쥐! 아프리카 쪽인가?

강이   아니, 히말라야산맥을 맞대고 있는 두 나라를 떠올려 봐.

별이   히말라야산맥 하면 네팔인데.

산이   중국과 인도야. 국경 지역에서 자주 충돌한대.

강이   뉴스 보니까 중국군하고 인도군이 몸싸움을 해서 사람이 죽기
       도 했다는데.

별이   이상하네. 보통 군인들은 총이나 대포로 싸우지 않나?

산이   두 나라가 무력 충돌을 피하려고 애쓰는 것 같아. 왜 그럴까?

중국은 육지에서 14개 나라와 국경을 맞대고 있고, 바다에서도
일본, 대만, 동남아시아의 여러 나라와 마주하고 있습니다. 그러
다 보니 국경 분쟁이 잦습니다. 중국의 경제력과 군사력이 강해
지면서 주변 나라들은 더 큰 압박을 받고 있습니다.

   현재 중국은 인도와 국경선을 확정하지 못하고 있습니다. 인도
는 중국과 인구가 비슷하고 경제력도 성장하고 있어서 인도양의
강대국이 되고자 하죠. 그래서 인도는 중국이 인도 주변 나라까

지 손을 뻗는 것을 막고자 애쓰고 있습니다.

인도와 중국의 땅 싸움

인도는 1800년대 초반부터 영국의 지배를 받다가 1947년에 독립했습니다. 식민지 때 영국이 정한 국경선은 그대로 이어졌죠. 하지만 중국은 영국이 그은 국경선을 인정하지 않고 더 넓은 영역을 자기 땅이라고 주장하고 있습니다. 인도와 중국 사이의 대표적인 분쟁 지역은 인도 동쪽의 '아루나찰 프라데시'와 서쪽의 '중국령 카슈미르(악사이친)'입니다.

1912년 청나라가 멸망하고 중화민국이 건국될 때 청나라가 정복했던 소수민족들도 독립하게 되었습니다. 당시 인도를 지배하던 영국은 티베트의 독립을 도왔습니다. 1914년 중화민국의 반대를 무릅쓴 채 영국, 인도, 티베트가 심라협정을 맺고 히말라야 산맥의 산줄기를 따라 선을 그어 국경선을 정했습니다. 인도는 이 선을 국경선으로 받아들여 히말라야 남부 지역인 아루나찰 프라데시를 티베트에서 인도 영토로 편입했죠. 중국은 티베트의 독립을 인정하지 않고, 인도의 국경선도 거부했습니다. 중국은 지금도 아루나찰 프라데시를 '남티베트'라 부르면서 자기 땅이라고

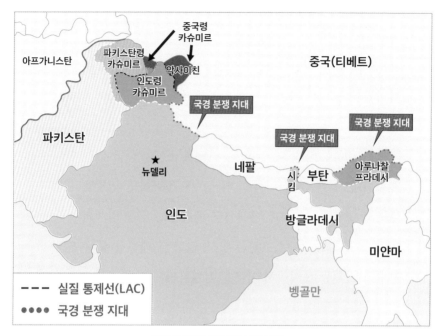

파키스탄령
카슈미르

중국령
카슈미르

아프가니스탄

악사이친

인도령
카슈미르

중국(티베트)

국경 분쟁 지대

파키스탄

국경 분쟁 지대

국경 분쟁 지대

★
뉴델리

네팔

시
킴

부탄

아루나찰
프라데시

인도

방글라데시

미얀마

--- 실질 통제선(LAC)

●●●● 국경 분쟁 지대

벵골만

인도의 국경선과 국경 분쟁 지대

주장하고 있습니다.

　서북쪽 끝에 있는 중국령 카슈미르도 살펴보겠습니다. 이곳은
1962년 인도와 전쟁에서 승리하면서 중국이 지배하고 있지만,
인도가 자기 땅이라고 주장하는 분쟁 지역입니다.

인도와 중국은 왜 사이가 나빠?

인도와 중국은 히말라야산맥으로 나뉘어 있어서 전혀 다른 문화권이었죠. 또 두 나라 사이에 티베트가 있어서 중국이 티베트를 차지하기 전에는 국경 분쟁이 없었습니다.

평균 해발고도가 4,500m인 티베트고원은 중국에게 아주 중요합니다. 높은 곳에 위치한 티베트를 점령하면 인도를 내려다보면서 공격할 수 있고, 아래에서 올라오는 적을 방어하기도 쉽기 때문입니다. 티베트고원은 황하, 양쯔강, 메콩강 등 주변의 강들이 시작되는 곳이어서 이곳을 점령하면 수자원을 확보할 수도 있습니다. 중국이 인도로 흐르는 강의 상류를 막아 댐과 수력발전소를 계속 만들면 인도 인구의 절반가량이 물 부족에 시달리게 되죠. 앞으로 물을 놓고 두 나라의 갈등은 커질 것입니다.

1950년 한국전쟁이 일어나 정신이 없을 때, 중국은 티베트를 침략했습니다. 중국군은 이듬해인 1951년 티베트를 손쉽게 점령했습니다. 그때 티베트에 관심을 둔 나라는 없었습니다. 1959년 티베트는 대규모 봉기를 일으켜 독립을 시도하지만 실패합니다. 많은 사람이 지도자인 달라이 라마를 따라 히말라야산맥을 넘어 인도로 망명했습니다. 인도 정부는 이들을 받아들였고, 지금도 인도 북서부 다람살라에 티베트 망명정부가 있습니다. 이때부터 인도와 중국 관계가 나빠집니다.

애매한 국경선이 문제야

인도가 영국의 식민지이던 시절, 영국은 중국과 인도의 경계인 히말라야산맥을 측량하지 않은 채 지도에 국경선을 그었습니다. 그런데 중국이 티베트를 점령하면서 중국과 인도의 국경이 맞닿게 되다 보니 그어진 국경선이 애매한 곳이 많은 겁니다. 두 나라가 서로 다른 국경선을 주장하면서 다툴 여지가 생긴 것이죠.

국경 분쟁은 있었지만 인도는 국제 사회에서 중국을 지원하며 좋은 관계로 지내 왔습니다. 그래서 1962년 중국이 히말라야산맥 국경을 넘어 공격해 왔을 때, 대비하지 못한 인도군은 일방적으로 당할 수밖에 없었습니다. 인도 동북부 평원까지 중국군이 밀려와서 수도 뉴델리마저 위험한 상황에 놓였죠. 인도는 결국 미국의 케네디 대통령에게 지원을 요청했고 미국은 국무부 관계자를 보냈습니다. 승기를 잡고 있던 중국군은 갑자기 종전을 선언합니다. 포로 4,000명도 돌려보내고 철수했죠. 전쟁이 확대되면 국제 사회도 가만히 있지 않을 것이고, 겨울철에 히말라야산맥 너머로 군대에 물자를 보급하기도 어려웠기 때문입니다. 전쟁이 갑자기 끝나면서 '실질 통제선(LAC)'이라는 애매한 국경선이 그어졌습니다.

국경선이 불확실한 지역은 각 나라의 국경수비대 사이의 충돌이 잦기 마련입니다. 1996년과 2005년에 중국과 인도는 총기와 폭발물을 휴대하지 않기로 합의했습니다. 우발적인 충돌이나 분쟁이 크게 번지는 것을 막기 위해서였죠.

한편 인도와 파키스탄도 카슈미르 지역을 놓고 영토 분쟁을 벌이고 있습니다. 핵무기를 가진 두 나라가 원수 관계가 된 것은 역사적으로 복잡한 카슈미르 문제가 주원인입니다. 카슈미르는 인도와 파키스탄, 중국이 나눠서 지배하고 있습니다. 지금도 명확하게 누구의 땅으로 정리되지 않았습니다. 파키스탄은 인도가 차지한 카슈미르 지역을 자기 영토라고 주장하고, 인도는 파키스탄과 중국이 차지한 카슈미르 전체가 인도 영토라고 주장하고 있습니다.

중국의 진주목걸이 전략

중국은 남중국해를 중국의 영해로 선포한 뒤 여러 무인도를 점령하고 군사기지를 늘려 왔습니다. 또한 미얀마, 방글라데시, 스리랑카, 믈라카(말라카), 파키스탄으로 이어지는 항구들을 확보하려

인도와 동남아시아

고 애썼습니다. 중동에서 원유가 들어오는 항로이기 때문이죠. 거점이 되는 항구들을 연결한 모양이 진주목걸이 같다고 해서 이러한 움직임을 '진주목걸이 전략'으로 부릅니다. 미얀마부터 파키스탄까지 해군 기지를 확보하면 인도를 둘러싼 목걸이 모양이 됩니다. 인도양을 앞마당으로 여기는 인도 입장에서는 참을 수 없는 일이죠.

중국은 또 파키스탄의 과다르항에서 중국의 신장위구르까지 교통망을 연결하는 사업도 추진하고 있습니다. 이 사업이 완성되면 중동과 가까운 과다르항을 통해 원유를 수입해서 중국으로 바로 보낼 수 있게 됩니다. 하지만 파키스탄에는 소수민족이 분리 독립하려는 지역도 있고, 카슈미르 분쟁 지역도 있기 때문에 사업에 어려움을 겪고 있습니다. 중국 정부가 파키스탄과 협력하면서 카슈미르 지역에서 인도를 몰아낼 수 있다면 원유를 확보하는 데 매우 유리해질 겁니다.

중국은 항구를 차지하는 데 어떤 방법을 쓸까요? 돈을 갚기 어려운 후진국에게 자금을 펑펑 빌려주고 못 갚으면 재산을 빼앗습니다. 스리랑카는 중국에게 자금을 빌려서 함반토타 항구를 건설했습니다. 누가 봐도 무모한 사업이지만 중국은 큰돈을 두 번이나 선뜻 빌려줬습니다. 대신 중국의 항만 회사에게 공사를 맡기고, 돈을 갚지 못하면 비싼 이자를 물게 했습니다. 스리랑카 정부가

중동에서 원유가 들어오는 항로를 연결하는
중국의 진주목걸이 전략

빚을 갚지 못하자 중국은 함반토타 항구 사용권을 99년간 빼앗고 주변의 땅도 차지했습니다. 빚만 잔뜩 생긴 스리랑카는 2022년 경제 파탄에 빠졌죠.

한편 인도는 경제난을 겪는 스리랑카에 3조 원이 넘는 지원을 했습니다. 인도 주변 나라들에 중국이 힘을 뻗는 것을 막으려는 거였죠. 중국에 돈을 빌려 무리한 사업을 벌인 파키스탄은 이미

인도와 동남아시아

2015년에 과다르항을 43년간 중국에 넘겼습니다. 파키스탄도 파산 직전입니다. 중국의 투자를 받아들인 몰디브도 흔들리고 있습니다.

싫어도 '윈윈'하는 두 나라

인도는 인도양까지 뻗어 가는 중국의 영향력을 혼자서 견제하기가 힘듭니다. 그래서 일본, 미국, 호주까지 네 나라가 군사적으로 협력하는 쿼드(4개국 안보협의체)에 동참했습니다. 미국과 손잡고 중국을 포위하겠다는 생각은 아닙니다. 힘센 미국을 끌어들여서 세력의 균형을 유지하려는 거죠.

왜 중국은 인도와 좋은 관계를 유지하지 않고 국경 분쟁을 벌일까요? 그건 미국과 손을 잡고 자신들과 대립하지 말라는 경고입니다. 특히 인도와 파키스탄이 맞닿은 카슈미르가 있는 서북 지역은 인도에게 약점입니다. 이곳은 인도를 침략한 세력들이 들어온 지리적 통로입니다. 역사적으로도 서북 지역이 안정되지 않은 상황에서 인도의 국가 안보는 늘 위험했습니다.

중국과 인도가 끊임없이 영토 분쟁을 벌이면서도 대규모 군사 무기를 사용하지 않으려 했던 이유는 무엇일까요? 우선 경제적으로 서로 이득이 되기 때문입니다. 인도는 제조업이 부실해서 중국의 저렴한 제품과 원자재가 필요합니다. 중국도 인도에 수출해서 얻는 수입이 많죠. 한편 두 나라는 핵보유국입니다. 작은 다툼이 크게 번져 전쟁으로 이어질 수 있으니 조심해야겠죠.

앞으로도 인도와 중국은 국경 분쟁, 중국의 인도양 진출 등으로 계속 대립할 것입니다. 현재 인도가 중국 제품을 수입하는 커다란 시장이기 때문에, 두 나라는 전면전까지는 벌이지 않고 있습니다. 2020년 국경 분쟁 이후 인도에서는 반중 여론이 들끓으면서 중국 제품에 대한 불매운동이 벌어지고, 스마트폰 사용자들은 중국 앱을 삭제하기도 했습니다. 반면 인도에서 중국 제품과 경쟁하는 한국의 휴대전화와 자동차 기업들에는 도움이 되었죠.

인도의 제조업이 성장하고 중국 제품과 어깨를 나란히 할 정도로 발전한다면 어떻게 될까요? 인도는 인도양에서 가장 강한 나라입니다. 다른 나라에 쉽게 끌려다니지 않죠. 항상 자국의 이익을 따져서 행동하죠. 미국이 원하는 것처럼 인도가 중국의 세력 확장을 가로막는 역할을 할지 더 관심을 두고 살펴봐야 합니다.

✴ 토론해 볼까요? ✴

· 인도와 중국은 국경 분쟁을 이어 오고 있지만, 전쟁으로 확대되지 않게 노력하는 이유는 무엇일까요?

인도는 어떻게 IT 강국이 됐을까?

"스마트폰으로 성공한
삼성전자, 인도에
공장 건설 재추진"

"하버드·MIT보다
들어가기 힘든
인도공과대학?"

강이 구글, 마이크로소프트, 트위터 같은 미국 기업의 CEO들을 보니까 인도 출신이 많더라.

별이 인도인들이 수학도 잘하고 IT 쪽에서 뛰어나다고 들었어.

산이 인도에서는 학생들이 목숨 걸고 공부한대. 인도공과대학을 나오면 미국 실리콘밸리 기업들이 뽑아가니까.

별이 나 같은 창의적인 인재도 알아봐야 하는데, 히히.

강이 그럼~ 우리 별이가 공부만 빼면 부족함이 없지. 아무튼 인도가 요즘 잘나간다는데 중국보다 더 성장할 수 있을까?

산이 카스트 제도가 남아 있어서 발전하기 어렵다는 이야기를 들었어. 시골에는 화장실 없는 집도 많다더라.

별이 중국은 일할 인구가 줄어들고 있고, 인도는 계속 늘어나니까 앞으로는 달라지지 않을까?

세계에서 가장 인구가 많은 나라는 어디일까요? 2022년 기준으로 중국과 인도의 인구는 모두 14억 명 이상인데, 인도가 더 많을 거라고 추정하기도 합니다. 인도에서는 부모가 모두 확인된 사람만 인구통계에 잡히기 때문입니다. 반면 중국은 세계 1위라는 점을 강조하기 위해 인구수를 부풀린다는 의심을 받고 있죠.

인도는 2019~2021년 조사에서 합계출산율 2.0명을 기록했습

인도와 동남아시아

니다. 이전에는 자녀가 너무 많아 가난했다면, 이제는 그 수가 적절해져 자녀 부양비가 줄어들게 됩니다. 또한 노동 인구가 30년 이상 꾸준히 늘어나기 때문에 경제 전망이 밝습니다.

인도는 아직 1인당 국내총생산(GDP)이 2,000달러(약 250만 원) 정도밖에 되지 않는 가난한 나라입니다. 인구의 1%가 전체 소득의 73%를 차지할 정도로 빈부격차가 심하고 지역 격차도 큽니다. 화장실도 없고 전기가 안 들어온 지역도 아직 많습니다. 하지만 인구가 워낙 많다 보니 전체 경제 규모는 세계 5위입니다.

자연도 문화도 가지각색

인도는 남한 면적의 33배 크기여서 거의 대륙 수준에 이릅니다. 그래서 인도 반도 전체를 '인도 아대륙'이라고 부르기도 하죠. 영토의 끝은 북위 37도로 우리나라 위도와 비슷하지만 남쪽 끝은 북위 3도로 열대 기후여서 기후도 매우 다양합니다.

인도는 하나의 통일된 나라라기보다는 여러 조각으로 이루어진 나라로 볼 수 있습니다. 수도 뉴델리나 경제 중심지인 뭄바이 같은 대도시만 보고 인도를 판단할 수 없습니다. 영국의 식민지가 되기 전에는 인도 전역이 하나의 나라로 통일된 적도 없습니다.

인도는 거대한 히말리야산맥이 북쪽을 막고 있어서 다른 나라와 분리됩니다. 또 강, 고원, 산맥으로 지역이 나뉘어서 지역 특성이 다양합니다. 인도는 문화와 언어가 다른 29개 주와 7개의 연방으로 구성되죠. 종교는 힌두교가 80%로 가장 많고, 이슬람교도 13% 이상이어서 1억 명이 훌쩍 넘습니다. 거대한 두 종교 외에도 기독교, 시크교, 불교, 자이나교, 유대교 등 많은 종교가 공존합니다. 언어도 다양해서 인도 지폐에는 여러 공용어가 같이 적혀 있습니다. 각 주에서 지정한 공용어만 22개고, 수천 개의 지방 방언이 있습니다. 도시인들은 보통 출신 지역 언어 외에도 힌두어, 영어 정도는 기본으로 할 줄 압니다. 남부와 북부 사람이 만나면 말이 안 통해서 영어로 대화하는 경우도 있죠.

인도에는 계급에 따라 사람을 나누는 카스트 제도가 지금까지도 이어져 오고 있습니다. 법적으로는 차별이 없지만 여전히 직업에 따라 등급이 나뉘고 있죠. 계급이 높은 사람들은 계급이 낮은 사람과 함께 어울리지 않고 결혼도 하지 않습니다.

IT 산업이 발달한 지리적 조건

인도는 제조업은 약하지만 정보기술, 즉 IT 산업이 발달했습니다.

도로, 철도, 전기시설 등 기반이 잘 발달해야 하는 제조업과 달리 컴퓨터 한 대만 있으면 누구나 소프트웨어를 개발할 수 있기 때문입니다. 지리적 위치도 중요했습니다. 인도는 IT 기업들이 자리한 미국 서부 지역과 낮과 밤이 반대입니다. 미국에서 작업한 데이터를 퇴근 시간에 인도로 넘기면 곧바로 작업이 가능한 거죠.

인도의 IT 기업들은 2000년을 계기로 성장했습니다. 이때부터 미국이 인도에 소프트웨어 개발을 대량으로 맡기기 시작했습니다. 당시 컴퓨터는 1999년을 '99', 2000년을 '00'으로 표시했기 때문에 2000년으로 세기가 바뀌면 컴퓨터가 날짜 인식을 1900년으로 하는 문제가 생긴다는 걱정이 많았습니다.

미국은 소프트웨어를 수정할 인력이 부족해서 일을 맡길 곳이 필요했습니다. 마침 인도는 영어로 대화가 통했고, 시차 덕분에 교대로 일하기 좋았습니다. 더구나 임금이 아주 싸서 저렴하게 개발을 할 수 있고, 인구가 많아서 시장이 성장할 가능성도 높았습니다. 이때부터 스타트업 기업이 많아지면서 현재 다양한 앱과 플랫폼 기업이 성장하고 있습니다. 그러나 아직 세계적인 인도 IT 기업은 없습니다.

'인도의 실리콘밸리'로 불리는 세계적인 IT 도시가 있습니다. 미국의 실리콘밸리처럼 자연환경이 쾌적하고 우수한 인재가 많은 벵갈루루입니다. 인도에서 가장 살기 좋은 도시, 젊은이들이 카페에서 노트북을 펼쳐 놓고 작업하는 곳이기도 하죠.

이곳은 기후도 온화합니다. 영국이 인도를 지배하던 시절에 영국인들은 남인도의 찜통더위를 피해 데칸고원에 있는 벵갈루루(해발 920m)에 자리를 잡았습니다. 벵갈루루는 북부 국경이나 해안 지역에서 멀리 떨어져 있어서 안전하기도 합니다. 또 인도 남부의 도로 및 철도 시스템의 중심에 있어서 뭄바이 등 주요 도시와도 잘 연결됩니다. 국제공항도 있죠.

벵갈루루에는 인텔, HP 등 IT 기업의 80%가 집중되어 있습니다. 정부도 창업을 적극적으로 지원하는 덕에 벵갈루루는 전 세계의 스타트업이 모여들면서 더욱 성장하고 있습니다. 세계의 자동차와 IT 기업과 함께 우리나라의 삼성전자와 LG전자도 이곳에 연구소를 세웠습니다.

벵갈루루는 인도 우주항공 산업의 중심지이기도 합니다. 인도는 과거 소련과 밀접한 관계였어서 핵을 일찍 개발했습니다. 1960년대 초반에 우주 개발에 뛰어들어서 1975년에는 세계에서 네 번째로 통신위성을 지구 궤도에 올려놓았고, 2014년에는 미국, 유럽, 러시아에 이어 네 번째로 화성탐사선을 쏘아 올리는 데 성공한 우주항공 분야의 선두주자입니다. 특히 발사 비용이 미국의 10분의 1 정도라서 국제적으로 주목받고 있습니다.

인도와 동남아시아

카스트를 벗어나려면 인도공과대학으로

인도의 젊은이들은 공과대학을 나와 IT 기술자가 되어 인생을 바꾸고자 합니다. 그것이 카스트의 제약을 벗어나는 유일한 길이기 때문이죠. 대도시는 많이 약해졌지만 인구의 60% 이상이 사는 지방으로 갈수록 카스트가 아직도 강하게 남아 있습니다. 카스트는 계급에 따라 직업에 제한을 두지만 IT 산업처럼 새로운 직업에서는 제약이 없습니다.

인도공과대학(IIT)은 세계 최고 수준의 공과대학입니다. 1951년에 초대 총리인 자와할랄 네루가 설립했죠. 인도가 발전하려면 과학과 공학이 중요하다고 생각한 그는 미국식 대학 교육 시스템을 끌어와 매사추세츠공과대학(MIT)과 같은 세계적인 공과대학을 만들고자 했습니다. 현재 인도 곳곳에는 23개의 인도공과대학 캠퍼스가 있습니다. 실리콘밸리의 기업부터 우리나라의 삼성까지 세계적 IT 기업들이 이곳을 졸업한 뛰어난 인재들을 먼저 채용하려고 줄을 섭니다.

인도공과대학의 입시 경쟁은 세계에서 가장 치열합니다. 입시 학원에 입학하는 것부터 전국적인 경쟁을 해야 합니다. 사교육으로 유명한 코타는 인구가 70만 명 정도지만, 전국에서 20만 명에 가까운 학생들이 모여들어 인도공과대학 같은 명문대에 진학

인도 곳곳에 퍼져 있는 인도공과대학의 캠퍼스

하기 위해 경쟁하고 있습니다.

카스트의 굴레에서 벗어나는 데 성공하는 사람은 소수입니다. 대부분의 가정은 형편이 넉넉하지 않아 자녀를 가르치기가 어렵습니다. 학원비는 1년 소득에 맞먹고, 생활비까지 합치면 2배에 가깝습니다. 그래서 똑똑한 한 명을 나머지 가족이 지원합니다.

인도공과대학에 매년 150만 명이 응시하지만 합격자는 1만 명 이하입니다. 입학을 위해 9년 동안 시험을 보는 경우도 있습니다. 인도공과대학을 나오면 인도를 떠나 선진국에서 고액 연봉을 받으며 살 수 있으니까요. 학생들은 어려운 가정을 일으켜 세울 수 있다는 사명감으로 공부에 필사적입니다.

중국을 넘어서는 경제 대국이 될까?

인도는 오랫동안 중국을 대체할 나라로 기대를 받았습니다. 하지만 여러 약점이 있습니다. 이 문제들을 해결하기 위해 나선 사람이 현재 인도 총리인 나렌드라 모디입니다. 모디 총리는 카스트에서 상인이 속하는 바이샤 출신으로 평민 계급입니다. 실용주의자이며 힌두교 우선주의를 내세우는 정치인으로 힌두교도들의 지지를 받고 있죠.

그는 인도의 낙후된 기반시설에 투자하고, 제조업을 부흥해 인도를 세계의 공장으로 만들고, 디지털 사회로 탈바꿈하려 노력하고 있습니다. 인도를 세계 2위 경제 대국으로 만들기 위해 시장과 외국 기업에 유리한 정책을 펴고 있죠. 그 방법으로 '메이크 인 인디아' 정책을 추진하고 있습니다. 국내에서 부품과 자재를 많이 생산하는 기업에게 매출의 일부를 보조금으로 주는 파격적인 정책으로, 이를 통해 외국 기업의 투자를 늘리고 있죠.

모디 총리는 미국과 중국의 갈등을 이용해서 중국을 견제하고, 인도 경제를 일으키려고 합니다. 인도의 가장 큰 무역 상대는 중국이었지만 늘 손해만 보았고, 최근 미국의 비중이 늘고 있습니다.

인도는 미국을 비롯한 외국 공장이 들어서기 좋은 조건을 갖추고 있습니다. 일할 수 있는 나이의 인구가 9억 명이고, 인건비는 중국의 4분의 1, 베트남의 2분의 1에 불과합니다. 이미 세계적인 스마트폰 생산 국가죠. 최근에는 삼성전자와 애플의 생산시설이 중국과 동남아시아 등지에서 인도로 옮겨 오고 있습니다.

한편 인도는 '세계의 약국'으로 불릴 정도로 제약 부문에서도 세계 생산의 중심입니다. 1995년부터 세계 시장에 눈을 돌리면서 값싼 복제 의약품(특허가 만료된 약품의 성분을 복제한 의약품)을 생산해서 수출하기 시작했습니다. 2005년부터 임상실험 규제가 완화되면서 여러 나라의 제약사들이 인도에서 다양한 신약을 실험했습니다. 신약 개발과 약품 생산에 드는 비용이 저렴하고 중산층 인구도 수억 명이다 보니 세계적인 제약 회사가 인도에 모여든 것이죠.

현재 인도는 전 세계 코로나19 백신 수요량의 60% 이상을 생산하고 있습니다. 또 미국과 영국 등 전 세계 복제 의약품 시장의 20%를 공급하고 있죠. 인도에는 경험 많은 연구 인력과 제조 시설도 풍부합니다. 하지만 의약품의 원재료 65% 이상이 저렴한 중국산이어서 아직은 중국의 그늘을 벗어나지 못하고 있습니다.

제조업도 국내산 원자재와 부품 생산이 많이 부족하지만 이 문제만 해결하면 중국을 대체할 정도로 성장할 수 있습니다. 그런데 인도의 정치 문제가 경제 발전의 발목을 잡을 것이라고 우려하는 사람도 있습니다.

인도는 3억 명의 중산층이 있는 세계 3위의 소비 시장입니다. 현재 9억 명의 노동력이 있을 정도로 중국보다 훨씬 젊은 나라이기에 인도의 성장 잠재력은 큽니다. 아시아와 중동, 유럽을 연결하는 곳에 있어 세계의 투자도 몰려들고 있습니다. 2030년대에는 중국에 이어 세계 3위권으로 성장할 것이란 예상도 있습니다. 인도·태평양 시대가 성큼 다가오고 있습니다. 우리의 시선을 미래의 대국, 인도로 돌려봅시다.

✵ 토론해 볼까요? ✵

· 미래에는 인도와 중국 중 어느 나라가 더 발전할까요?

베트남 사람들이 중국을 싫어하는 이유

"베트남, '남중국해'
중국 영해로 표시한
할리우드 영화 상영 금지"

"중국이 물 독점,
인도·동남아시아 다 죽어...
메콩강 주변국 반발"

강이   우리나라는 베트남하고 연결된 게 참 많은 것 같아.

산이   맞아. 우리 삼촌이 베트남에서 부품 공장을 하는데, 베트남이 엄청 발전하고 있댔어.

강이   베트남도 우리나라처럼 남북이 전쟁을 했대.

별이   난 축구랑 박항서 감독이 먼저 떠오르는데~

산이   베트남은 동남아시아에서 가장 빨리 성장하고 있는 나라인 거 같아.

강이   근데 중국과 남중국해 분쟁 문제도 뉴스에 나오잖아.

별이   둘 다 사회주의 국가인데 왜 싸우는 걸까? 원래 적은 가까운 곳에 있는 건가?

산이   그러게~ 역사적인 원한일까, 경제적인 문제일까?

베트남은 우리나라와 비슷한 면이 많습니다. 베트남 역시 중국의 영향을 받아 한자를 쓰는 유교 국가였습니다. 오랜 역사 동안 외세와의 수많은 전쟁과 식민 지배, 남북 분단도 겪었습니다. 《조선왕조실록》에는 베트남과 조선의 사신이 교류했다는 기록이 있고, 1955년부터 1975년까지 이어진 베트남전쟁 때 우리나라 국군이 참전한 일도 있을 만큼 두 나라의 관계는 오래되었습니다.

1884년부터 프랑스의 식민지였던 베트남은 1945년 독립하는 과정에서 사회주의 국가가 되었습니다. 현재는 개방 정책으로 경제 발전을 이루었고 중국과 교역도 많이 합니다. 그런데 왜 베트남 사람들은 중국에 대한 감정이 좋지 않을까요?

국토가 길쭉해진 이유

베트남은 북쪽에서 밀려오는 중국 세력의 침략에 맞서 싸우면서 남쪽으로 확장해 나간 역사가 있습니다. 베트남은 북부 홍강 주변의 비옥한 삼각주를 중심으로 발달했습니다. 서쪽은 험준한 안남산맥과 열대림이 있어서 외부의 침략을 걱정할 필요가 없습니다. 반면 북동쪽은 열려 있어서 중국이 자주 침략했습니다. 중국은 한나라 때부터 비옥한 베트남 땅을 탐냈습니다. 베트남은 기원전 690년 베트남 최초의 국가인 반랑을 세웠지만, 이후 계속 침략을 당하며 1,000년간 중국의 지배를 받았습니다. 베트남은 중국의 영향으로 한자와 유교문화를 받아들였습니다. 중국 당나라가 멸망한 10세기 이후에는 완전히 독립해서 왕국을 건설했습니다. 당시만 해도 지금의 수도 하노이가 있는 북부만 베트남 땅이었습니다. 북부가 정치와 군사력의 중심이었죠.

베트남의 지형

베트남은 중국이 있는 북쪽과 산맥으로 막힌 서쪽으로는 영토를 확장하기가 어렵습니다. 그래서 좁은 해안 평야를 따라 남쪽으로 영토를 넓혀 나갔습니다. 남부 지역인 메콩강 삼각주는 크메르족(캄보디아인)이 살던 곳이었는데, 베트남이 17세기부터 밀고 들어가서 1867년에는 메콩강 삼각주와 남부 지역 전체를 차지했습니다. 중남부는 북부와 달리 동남아시아 문화권입니다. 특히 남부는 식량과 물자가 풍부해서 해상 무역도 활발한 곳이었습니다. 그래서 지금도 과거 베트남공화국(남베트남)의 수도였던 호찌민이 베트남에서 가장 경제가 발달한 곳입니다.

베트남, 기나긴 싸움의 역사

17세기 프랑스는 중국 청나라를 물리치고 베트남, 라오스, 캄보디아를 프랑스령으로 만들었습니다. 이후 제2차 세계대전 동안 일본이 중국의 주요 지역과 동남아시아를 차지하면서 몇 년간 베트남을 침략했습니다. 이때 일본이 쌀을 강제로 거둬들이면서 베트남 인구 200만 명이 굶어 죽기도 했습니다.

베트남은 미국과 힘을 합치면서 일본군과 싸웠습니다. 그러나 베트남 독립을 지원하던 미국은 베트남이 공산화될까 봐 태도를 바꿉니다. 독립운동을 이끈 호찌민은 미국에 실망하면서 공산주의 세력과 손을 잡았죠. 베트남이 사회주의 국가가 된 원인입니다. 1945년 일본이 패망하면서 베트남 독립 세력은 북부를 점령해 베트남민주공화국(북베트남)을 세웠고, 소련과 중국 공산당의 지원을 받았습니다.

1946년 식민지 베트남을 포기하지 않으려는 프랑스와 베트남 사이에서 전쟁이 일어납니다. 이 전쟁에서 베트남이 승리하면서 독립이 되었지만, 결국 남북으로 갈라집니다.

부정부패가 심했던 남베트남 정권은 주민들의 지지를 받지 못했습니다. 결국 남베트남에서 북베트남을 지지하던 세력들이 내전을 일으켰습니다. 미국은 중국에 이어 베트남, 라오스, 캄보디아가 공산화되는 것을 두려워했기 때문에 대규모 군사와 경제적 지원을 하면서 남베트남 정권을 도왔습니다. 소련과 중국은 북베트남을 지원했죠.

1964년에 시작된 제2차 베트남전쟁은 남베트남에서 진행되었고, 한국과 호주, 뉴질랜드 등도 남베트남과 미국의 지원 요청을 받아 군대를 보냈습니다. 많은 사상자가 나오면서 미국에서는 전쟁에 반대하는 여론이 높아졌고, 1973년 미군은 베트남에서 완전히 철수했습니다. 1975년 북베트남이 남베트남을 점령하면서 지금의 베트남인 '베트남사회주의공화국'이 되었습니다.

이후 중국과 베트남의 관계는 나빠졌습니다. 중국과 소련이 갈등하던 시기에 베트남이 소련 편을 들자 중국은 모든 지원을 끊어 버렸습니다. 그리고 베트남과 국경을 접한 캄보디아를 지원했죠. 베트남은 캄보디아를 침략하고, 중국은 1979년에 베트남 북부를 침공했습니다. 베트남이 중국계 이민자인 화교를 추방하고 캄보디아를 침략했다는 이유로 공격한 거죠. 베트남의 민병대와 여성들이 나서서 중국군을 물리쳤고, 중국군은 한 달 만에 물러났습니다.

베트남은 중국과 국경 분쟁을 하고 있습니다. 또한 캄보디아를 침략하고 군대를 주둔한 문제로 동남아시아 주변 나라들에게 비난을 받았죠. 1990년 베트남이 캄보디아에서 군대를 철수한 이후 중국과 관계가 좋아지고 국경 문제도 어느 정도 정리되어 가는 듯했습니다. 과연 국경 분쟁은 해결된 걸까요?

남중국해가 중국 바다?

베트남 동쪽 바다에서는 계속 분쟁이 일어나고 있습니다. 중국은 남중국해에 선을 긋고 자기들 바다라고 주장하고 있습니다. 2016년 국제사법재판소에서는 중국의 주장이 근거가 없다고 판결했습니다. 중국은 재판 결과를 무시한 채 남중국해에 해군 병력을 강화하고 있습니다. 중국은 왜 이런 억지를 부릴까요?

남중국해에는 엄청난 양의 석유와 천연가스가 매장되어 있습니다. 더 중요한 이유도 있죠. 남중국해는 세계적으로 가장 많은 화물선이 지나다니는 바닷길이고, 중국이 수입하는 석유의 80%도 이곳을 거쳐갑니다. 그래서 중국은 만약 미국과 전쟁하게 되면 미국 군대가 무역로를 막을 수도 있다고 걱정합니다. 하지만 중국이 미군을 몰아내고 남중국해를 차지하면 동남아시아 주변 나라를 통제할 수 있고, 한국과 일본도 꼼짝 못 하게 만들 수도 있습니다.

중국은 여러 암초와 섬에 시멘트를 부어서 비행장과 미사일 같은 군사기지를 만들고, 큰 어선을 동원해 중요한 섬들을 점령하고 있습니다. 베트남도 굉장히 넓은 바다를 자기 것이라고 주장합니다. 베트남 동해에서는 중국과 영유권 다툼이 치열합니다. 중국은 파라셀군도(시사군도)와 스프래틀리군도(난사군도)를 중국 영토로 공식 발표하며 개발하고 있습니다. 이런 상황에서 어떤 동남아시아 나라도 덩치 큰 중국을 감당하기 어렵습니다.

메콩강이 마르고 있어

메콩강은 인도차이나반도를 가로질러 흐르는 국제 하천입니다. 티베트고원에서 시작해 중국, 미얀마, 라오스, 태국, 캄보디아, 베트남을 지나 남중국해로 흘러갑니다. 풍부한 강물에는 물고기가

메콩강 주요 댐
● 가동 중
○ 건설 계획
● 건설 중

중국

미얀마

라오스

태국

베트남

캄보디아

매콩강 주변 나라와 주요 댐(2021년 기준)

넘치고 강에 실려 오는 토사가 쌓여 땅을 비옥하게 합니다. 동남
아시아의 7,000만 명이 메콩강에 의지해 농사를 짓거나 물고기
를 잡으며 생활하고 있습니다.

남중국해 분쟁만큼이나 심각한 문제가 바로 1990년대부터 메콩강이 점점 말라가는 것입니다. 물이 줄어들면서 메콩강 삼각주의 벼농사가 어려워지고 물고기도 줄었습니다. 중국은 메콩강 상류에 큰 댐 11개를 비롯해 작은 댐까지 약 130개를 지었습니다. 중국은 댐이 홍수와 가뭄을 막아 준다고 주장하면서 강물이 줄어든 것은 가뭄 탓일 뿐이라고 변명합니다.

메콩강위원회는 댐 건설에 대해 협의해야 하지만 제대로 이루어지지 않습니다. 중국에 이어 라오스도 댐을 쌓았습니다. 수력발전으로 생산한 전기를 주변 나라에 팔아 가난에서 벗어나려는 겁니다.

물 부족이 심각한 중국은 티베트고원의 물줄기를 막아 댐을 늘려 가고 있습니다. 기후변화로 가뭄은 심해지고 물 소비는 늘어나고 있습니다. 머지않아 메콩강 문제로 동남아시아 여러 나라는 중국과 심각하게 대립할 것입니다. 상류에 있는 중국은 강물까지 틀어쥐고 동남아시아를 통제하게 되는 거죠.

베트남이 살려면 미국이 필요해

영토 분쟁과 물 분쟁을 겪으면서 베트남에서는 중국에 반감을 갖는 이들이 많아졌습니다. 거대한 중국과 맞서 베트남을 도와줄 나라가 어디 있을까요?

과거에 베트남과 싸웠던 힘센 미국이 가까이 있습니다. 미국은 자유무역을 중시하고 바다를 자유롭게 돌아다닐 권리가 있다고 주장합니다. 남중국해에서도 중국의 경고를 무시하며 군함을 통과시키고 있습니다. 또 인도, 일본 등과 함께 베트남이 해군의 힘을 키우도록 지원하고 있습니다. 미국은 메콩강 문제에도 나섰습니다. 인공위성을 통해 중국이 메콩강 수위를 인위적으로 통제하는지 감시하고 있죠.

미국이 중국을 견제하려면 중국의 영향력이 강한 동남아시아 나라들과 반드시 손을 잡아야 합니다. 특히 중국과 동남아시아 나라들이 대립하는 메공강과 남중국해 분쟁은 그 핵심입니다.

베트남의 급성장 비결

베트남은 프랑스, 일본, 미국, 중국과의 전쟁에서 모두 승리했지만, 가난한 농업 국가에서 벗어나기 어려웠습니다. 베트남은 중국을 따라 1986년부터 경제 자유화와 개방화를 내세우는 '도이머이' 정책을 선택했습니다. 이 정책을 통해 주변 나라들로부터 비난받던 캄보디아 주둔군을 철수하고 미국과의 관계를 개선했습니다. 1991년에는 경제 중심지인 호찌민 부근에 경제특구를 만들었습니다. 수출로 경제 성장을 이루려는 전략을 세운 거죠. 그 결과 1990년대 후반부터 제조업과 서비스업이 빠르게 발전했고, 2007년에는 세계무역기구에 가입합니다.

베트남은 한국에서 동남아시아로 가는 길목에 있습니다. 영토가 남북으로 길어서 해안과 가깝고 기반시설도 괜찮은 수준입니다. 사실 개방 초기에는 베트남에 누구도 선뜻 투자하려 하지 않았습니다. 1988년 한국의 수출 기업들이 섬유와 봉제 등을 중심으로 투자를 시작했고, 1993년부터 대우그룹을 중심으로 본격적인 대기업 투자가 시작되었습니다.

베트남은 한국이 동남아시아에서 가장 많이 투자한 생산 기지입니다. 특히 삼성이 북부 지역의 두 공장에서 스마트폰의 절반을 생산하면서 베트남은 세계적인 스마트폰 수출국이 되었습니다. 삼성은 대규모 투자로 베트남 기술 산업을 이끌고 있고, 베트남 경제의 4분의 1을 책임지고 있습니다.

베트남이 생산 기지로 중국보다 나은 점은 뭘까요? 베트남이 성장한 이유는 중국보다 훨씬 저렴한 임금과 풍부한 노동력입니다. 베트남은 정치적으로도 상당히 안정되어 있어 투자에 유리합니다. 중국이 성장하면서 임금이 크게 오르자 베트남으로 의류,

신발 등 많은 외국계 공장들이 옮겨 왔습니다. 사회주의 국가였던 베트남이 급성장할 수 있었던 것은 중국과 가까워서 원자재와 부품 등을 싸게 들여오고 무역이 활발하기 때문이었습니다. 미국은 중국을 견제하고 중국 대신 자기 나라의 생산 기지 역할을 하도록 베트남의 성장을 도왔습니다.

베트남은 미국과 중국의 무역 전쟁으로 국제 공급망이 달라지면서 행운의 주인공이 되었습니다. 중국산 제품의 관세가 높아지면서 중국에서 벗어나는 기업이 늘어난 거죠. 특히 삼성, 애플, 구글, LG, 마이크로소프트, 나이키, 닌텐도 등 세계적 기업들이 중국에 있는 생산 기지를 베트남으로 이전했습니다. 2019년에는 줄어든 중국의 미국 수출의 46%를 베트남이 대신하게 되었습니다. 제조업 기반이 단단해지면서 베트남은 코로나19로 관광객이 줄었을 때도 주변 나라들보다는 위기를 잘 헤쳐 나갔습니다.

자신감은 계속될 수 있을까?

베트남은 2,000년간 중국과 투쟁하면서 살아왔습니다. 당대 최강이었던 몽골제국, 청나라, 프랑스, 일본, 미국과도 싸워서 이겼다는 자부심이 대단합니다. 그래서 식민지 피해를 겪었던 주변 나라들과 다르게 자국과 전쟁을 벌였던 나라들에 사과를 요구하지 않습니다.

베트남은 중국이라는 강한 세력을 견제하기 위해 미국, 한국, 일본, 인도 등과 손을 잡고 있습니다. 산업화를 위해 협력하고 투자하는 나라는 누구라도 환영하는 태도로 외국 투자를 더 활발하게 끌어왔습니다.

1억 명의 인구 중 노동 가능한 젊은이들이 많습니다. 이들은 어려서부터 제국을 꺾은 선조들의 이야기를 듣고 자랍니다. 발전하는 사회에서 무엇이든 할 수 있다는 격려를 받는 거죠.

베트남은 제2의 중국이 될 것이라고 말합니다. 하지만 극복해야 할 점도 있습니다. 베트남 경제에서는 여전히 외국인 투자가 핵심입니다. 또한 땅값과 임금이 가파르게 오르고, 불법 파업이 빠르게 퍼졌습니다. 중앙 정부는 많이 나아졌지만, 기업 활동을 위해 지방 정부에 들어가는 뒷돈은 여전히 문제입니다.

코로나19 시기에 정부 대처도 문제가 많았습니다. 지역 봉쇄로 공장이 문을 닫는 경우가 많았고, 상황이 나빠진 외국 기업에 백신을 구해올 것을 요구하거나 재해가 나면 기부금을 내게 하기도 했죠. 이때 큰 어려움을 겪은 많은 기업이 베트남을 떠나려는 움직임을 보였습니다. 삼성이나 애플 같은 기업도 인도네시아 등으로 눈길을 돌리고 있죠. 외국의 제조 공장이 인도나 동남아시아

의 다른 나라로 떠난다면 베트남은 과연 중진국으로 발전할 수
있을까요?

☀ **토론해 볼까요?** ☀

· 베트남이 더 발전하려면 어떻게 해야 할까요?

미얀마에서는 왜 자꾸 쿠데타가 일어날까?

"미얀마 민주화 5년 만에
또 쿠데타"

"미얀마 군부 쿠데타
100일 동안
800여 명 희생됐다"

강이 　미얀마에서 시민들이 시위하다가 많이 죽었다는데, 누구랑 싸우는 거야?

별이 　내전이라던데. 전쟁하고 다른 건가?

산이 　한 나라 안에서 일어나는 싸움이 내전이야.

강이 　수천 명이 죽었는데도 시민들이 포기하지 않는대.

산이 　민주화운동이 일어난 거야. 군사 정권과 민주주의 진영 사이의 싸움이랄까.

별이 　내 예상이 맞다면 미얀마도 여러 민족으로 이루어져 있을 거야.

강이 　왜 군사 정권은 자기 나라 국민에게 총을 쏘면서까지 정권을 지키려는 걸까?

별이 　그러게, 뭔가 믿는 구석이 있나?

미얀마는 남한의 6.7배 정도로 큰, 인도차이나반도에서 가장 면적이 넓은 국가입니다. 석유, 천연가스, 우라늄, 비취 등 각종 자원이 풍부하고 인구도 약 5,500만 명이나 되죠. 또한 열대 기후에 강수량도 많고 토양이 비옥합니다. 군사독재로 경제가 무너지기 전까지 미얀마는 대체로 풍요로운 나라였습니다. 1년에 벼농사를 두 번 지을 수 있어서 아시아 최대의 쌀 수출국이었으니까요.

하지만 지금은 사정이 어렵습니다.

미얀마는 인도양에 접해 있고, 중국과 인도 사이에 있습니다. 무역에 유리한 위치입니다. 중국은 그런 미얀마를 장악해 인도양에 바로 진출하고 싶어 합니다. 또한 서방 세력이 미얀마에 끼어드는 것을 원치 않아서 군사 정권을 지원하고 있습니다.

산지와 평야로 갈라진 민족

미얀마는 서쪽, 북쪽, 동쪽이 산맥으로 둘러싸여 있습니다. 가운데는 넓은 평야 지대가 있고, 미얀마에서 가장 큰 강인 이라와디강이 흘러 넓은 삼각주가 발달했습니다.

미얀마 최초의 통일 왕국은 11세기에 등장합니다. 불교를 믿는 버마족은 소수민족을 하나로 합쳐 갔고, 평야 지대를 통치하게 되었습니다. 소수민족들은 버마인의 탄압을 피해 주변 산악 지대에 자리 잡았습니다. 산악 지대에 사는 소수민족과 평야 지대에 사는 버마족의 분쟁은 오랫동안 계속되었습니다. 현재 버마인은 미얀마 전체 인구의 68%로 가장 많습니다. 이외 135개의 소수민족이 있고, 100개 이상의 언어가 있습니다.

버마인과 소수민족 사이의 분쟁은 영국의 식민 지배를 거치면

네팔

부탄

인도

중국

방글라데시

미얀마

인도

라오스

★
네피도

벵골만

태국

산지

산맥으로 둘러싸여 있는 미얀마의 지형

서 더 심해졌습니다. 1886년부터 미얀마를 식민지로 삼은 영국
은 분할 정책으로 민족들 간에 분열을 일으켰습니다. 억압받던
소수민족들을 이용해서 다수의 버마족을 다스리게 한 것이죠.

서부와 북부의 산악 지대에는 기독교를 믿는 소수민족이 늘어
났습니다. 소수민족들은 버마인이 영국에 저항할 때 영국 편을
들었습니다. 요즘도 소수민족이 많이 사는 산악 지역에는 정부군
의 공격으로 마을과 교회가 불타기도 합니다. 또 인도에서 넘어
온 이슬람교를 믿는 무슬림과 갈등이 생겨 인종학살이 벌어지기

도 했습니다. 미얀마가 민족 분열과 내전으로 정치가 불안해지면서 군사독재 정부가 정권을 차지하고 말았습니다.

미얀마는 왜 로힝야족을 미워해?

미얀마에서는 버마족과 로힝야족의 갈등이 특히 심합니다. 영국은 미얀마와 세 차례 전쟁을 치르고 1886년 공식적으로 미얀마를 영국령 인도의 한 주로 편입합니다. 영국은 벼농사가 잘되는 미얀마에서 쌀을 생산해 인도로 가져갈 계획을 세웠죠. 당시 미얀마에 있는 버마인들은 호전적이어서 노동력으로 쓰기 힘들었습니다. 밀림이 울창한 미얀마를 개간하려면 벼농사에 능하고 말을 잘 듣는 이들이 필요했죠.

그래서 영국은 식민지였던 인도의 벵골인들을 미얀마로 데려와 대농장을 만들었습니다. 이들이 바로 로힝야족입니다. 로힝야족은 100년에 걸쳐 영국의 보호를 받으면서 지주 계급으로 편하게 살았습니다. 그들은 무슬림이었고, 미얀마의 불교도들을 탄압했습니다. 그런 로힝야족이 미얀마의 모든 소수민족과 버마족의 적이 되었습니다.

제2차 세계대전 당시 일본과 영국은 적대적이었죠. 일본이 미얀마를 점령하면서 소수민족 간의 갈등은 더 심해졌습니다. 일본은 로힝야족에게 뺏겼던 농장 땅을 미얀마인에게 돌려줍니다. 영국은 일본에 맞설 목적으로 로힝야족을 무장시켰지만, 로힝야족은 그 무기로 일본군과 싸우기보다 오히려 땅을 돌려받은 미얀마인들을 공격했습니다. 그러자 일본의 무기 지원을 받은 미얀마인들도 로힝야족을 죽였고, 로힝야족이 불교 사원을 파괴하고 승려들도 학살하면서 미얀마인과 로힝야족은 종교 갈등마저 깊어졌습니다.

일본이 전쟁에서 지고 영국은 미얀마에 로힝야족에 대한 보호와 정부 참여를 독립의 조건으로 요구했습니다. 하지만 군사 정부가 들어선 이후 이런 약속은 모두 무효가 됩니다. 부패한 군사 정부는 불교 사회주의를 내세우며 국민의 분노를 로힝야족에게 돌렸습니다. 불법 이민자라고 하며 로힝야족의 미얀마 국적을 박탈하고, 방글라데시와 가까운 라카인으로 몰아냈습니다. 심지어 로힝야족이 늘어나지 못하도록 한 자녀만 낳게 하기도 했죠. 국경 지대로 쫓겨와 살던 로힝야족은 방글라데시(당시 동파키스탄)와 합병을 요청하면서 모든 미얀마 민족의 적이 됩니다. 2012년에는 투표권마저 빼앗깁니다.

미얀마에서는 로힝야족을 향한 계속되는 차별을 비롯해 1978년, 1991~1992년, 2017년 등 여러 차례 대규모 학살이 벌어졌습니다.

그 결과 100만 명 규모의 난민촌이 방글라데시에 만들어졌죠. 사실 방글라데시도 이들을 반기지 않습니다. 자기 나라도 어려운데 난민까지 받아들이는 게 힘든 거죠. 한편 미얀마 군부가 석유와 천연가스 등 자원이 풍부하고 중요한 항구가 있는 라카인을 개발하기 위해 로힝야족을 쫓아내고 있다는 분석도 있습니다.

미얀마 독립 영웅, 아웅산 장군

미얀마에는 버마족과 소수민족이 모두 독립 영웅으로 존경하는 아웅산 장군이 있습니다. 영국의 지배를 벗어나기 위해 독립운동을 벌이던 대학생 아웅산은 중국의 도움을 받으려고 중국행 배를 탔습니다. 하지만 배가 도착한 곳도 이미 일본군 점령지였습니다. 미얀마를 노리고 있던 일본군은 젊은 지도자 아웅산을 이용하려 접근했습니다. 일본은 아웅산을 일본에 데려가 발전한 경제력과 군사력을 보여 주며 포섭했습니다. 이후 아웅산이 이끄는 '30인의 동지'는 일본군에게 훈련받고 영국으로부터 미얀마 독립을 이루기 위해 일본군과 함께 싸웠습니다.

1942년 미얀마는 일본의 도움을 받아 영국군을 몰아냈지만, 오히려 일본은 미얀마를 식민지로 삼으려 했습니다. 아웅산은 이번에는 영국과 손잡고 일본군과 싸웠습니다. 이때 소수민족들은 처음부터 영국 편이어서 함께 일본군을 몰아냈습니다.

아웅산 장군은 미얀마가 평화로운 국가로 발전하려면 민족끼리의 분쟁을 막고 서로 포용해야 한다고 생각했습니다. 그래서 소수민족 대표들과 1947년 팡롱협정을 맺고 소수민족의 자치를 허용하는 버마(미얀마의 전 이름)를 세우려 했습니다. 1947년 독립을 6개월 앞두고 아웅산 장군은 32세의 젊은 나이에 암살당합니다. 민족의 화합을 이룰 중심 인물이 사라지자 미얀마는 내전의 소용돌이에 빠져들고 말았습니다.

평화 없는 미얀마의 오늘

독립 이전에 미얀마는 민족 비율에 따라 군대를 편성했습니다. 그러나 군대를 중심으로 정부를 이루어 가면서 분열이 심해졌습니다. 독립 후 정부는 버마족을 우대하고 불교를 국교로 내세웠습니다. 다민족 국가에서 다른 종교를 믿는 소수민족을 인정하지 않으니 평화는 더 멀어졌습니다. 내전이 이어질수록 소수민족과 싸우는 군사 집단의 힘은 점점 커졌습니다.

독립 영웅 '30인의 동지' 중 한 명인 네윈은 1962년 1차 쿠데타로 정권을 잡았습니다. 이때부터 내전을 막아야 한다는 명분으로 군사독재가 이어졌습니다. 군인들은 정권 유지를 위해 다수인 소수민족을 더 탄압하면서 지지를 얻었습니다. 이슬람교를 믿는 로힝야족과 기독교를 믿는 카렌족이 주 공격 대상이었죠.

정부와 군대를 운영하려면 무엇보다 자금이 든든해야 합니다. 네윈은 사회주의를 내세우며 기업 자산을 빼앗아 국유화했습니다. 이를 군부가 차지했고, 지금도 많은 기업을 소유하고 있습니다. 경제는 나빠지고 국민은 가난해졌지만, 군부는 여전히 부자입니다. 가난한 청년들은 먹고살기 위해 군대에 몸담게 되었고, 군부는 막강해진 군사력으로 소수민족을 탄압하면서 국민을 분열시켰습니다. 민주화를 요구하는 국민의 시위도 무력으로 억눌렀죠.

민주화를 위한 노력

미얀마는 세계에서 가장 가난한 나라 중 하나가 되었지만, 군사 정부는 외국으로부터 문을 걸어 잠그고 있었습니다. 경제난이 심해지면서 시위가 이어지고, 죽는 사람들이 나오면서 대규모 시위로 번져 갔습니다. 특히 1988년 8월 8일, '8888 항쟁'으로 불리는 시위가 벌어졌을 때는 군대의 무력 진압으로 수천 명이 목숨을 잃었습니다. 소 마웅 장군은 그해 9월 2차 쿠데타를 일으켜 군사 정권을 유지했습니다.

당시 아웅산 장군의 딸, 아웅산 수치는 영국에 유학을 떠나 가정을 이뤄 살고 있었습니다. 어머니의 임종을 앞두고 병간호를 위해 잠시 미얀마에 들어온 그녀는 시민들이 시위하며 피를 흘리는 모습을 보고 집회에서 지지 연설을 하게 됩니다. 이때부터 아웅산 수치는 저항의 상징이 되면서 민주주의민족동맹(NLD)이라는 정당을 만들고 의장이 되었습니다. 결국 네윈이 물러나면서 아웅산 수치는 1990년 총선을 통해 압도적인 승리를 거두었죠. 하지만 군부는 선거를 무효로 만들어 아웅산 수치를 15년간 가택 연금합니다. 민족 영웅의 딸이니 죽이지는 못하고 집에 가둔 거죠. 1991년 아웅산 수치는 노벨 평화상을 받습니다.

이후로도 다양한 과정을 거쳐 총선에서 군부가 지지하는 정당이 승리했고, 2011년부터는 형식적인 민주 정부 시대가 열렸습니다. 2015년 아웅산 수치의 정당이 총선에 나가 다시 크게 이기면서 그녀는 국가고문 겸 외무부 장관이 되었습니다. 아웅산 수치는 팡롱평화회의를 여는 등 소수민족 문제를 해결하기 위해 노력했습니다. 자원과 노동력이 풍부한 미얀마에 이때부터 외국인 투자가 몰려들기 시작했습니다.

군부는 국제 사회와 국내에서 존경받는 아웅산 수치를 무너뜨릴 방법을 찾았습니다. 2017년 미얀마 군대는 경찰서에서 발생한 폭력 사건을 이유로 로힝야족 수만 명을 학살했는데, 이때 수십만 명이 방글라데시로 도피했습니다. 국제 사회는 아웅산 수치 정부를 비난했지만, 그녀는 로힝야족을 원수처럼 미워하는 국내 여론 때문에 아무 말도 하지 못했습니다. 아웅산 수치는 국제사법재판소에서 국민의 지지를 지키기 위해 집단 학살을 부인했습니다. 학살을 알면서도 내버려 둔 방관자라며 국제적인 비난을 받게 되었죠.

군부는 아웅산 수치가 몰락할 거라고 기대했지만 미얀마 불교 신자들은 여전히 그녀를 지지했습니다. 2020년에 열린 총선에서도 민주주의민족동맹이 83%의 득표율로 압승했습니다. 권력을 빼앗길 위기를 느낀 군부는 부정선거 의혹을 경고했습니다. 2021년, 군부는 비상사태를 선포하고 3차 쿠데타를 일으킵니다. 결국 부정선거 혐의로 아웅산 수치와 정치인들을 가둬 버렸습니다.

민주화된 미얀마에서 자유를 경험했던 시민들은 시위를 벌였습니다. 군부는 늘 그랬듯이 폭력적인 진압을 이어 갔습니다. 젊은이들은 목숨을 걸고 용감히 저항했지만, 군대의 폭력으로 피해는 커져 갔습니다. 시민들은 전 세계에 미얀마를 도와달라고 호소했죠. 결국 시위대는 소수민족 반군들과 연합하기 시작했고,

미얀마는 내전 상태에 빠졌습니다. 막강한 미얀마 정부군은 내전을 핑계로 소수민족의 마을을 공격하고 있습니다.

중국은 왜 미얀마 군부를 지원해?

세계의 비난을 받는데도 중국 정부는 미얀마 군부를 지원하고 있습니다. 미얀마 군부도 다른 나라가 아무리 경제제재를 가해도 중국만 있으면 걱정 없다는 태도를 보입니다. 왜 그럴까요?

첫째, 미얀마는 중국에게 지정학적으로 아주 중요합니다. 중국에서 인도양으로 바로 접근할 수 있는 통로이기 때문이죠. 중국은 1985년부터 미얀마를 통해 철길과 송유관, 가스관을 연결하려는 계획을 세웠습니다. '일대일로' 계획에 따라 미얀마는 더욱 중요해집니다.

사우디아라비아나 이란 등 중동에서 오는 석유를 미얀마를 통해 수입하면 수송 거리가 줄어들고 비용도 절약됩니다. 더 중요한 것은 에너지 안보입니다. 중국으로 수입해 들어오는 석유와 천연가스의 80%는 화물선을 이용해 말라카해협(믈라카해협)을 지나 남중국해를 건너 들어옵니다. 미얀마를 통하면 싱가포르에 있는 미국 해군이 말라카해협을 차단해도 상관없는 거죠.

전통적으로 미얀마 군부도 중국을 완전히 믿지는 않습니다. 중국이 차우퓨 항구를 건설할 때도 그것이 자칫 해군 기지로 이용될 수 있다며 원하지 않았죠. 2017년 로힝야족 학살로 미얀마가 전 세계의 비난을 받을 때 중국이 기회를 잡았습니다. 중국은 국제적으로 고립된 미얀마 군부와 회담을 하며 중국-미얀마 경제회랑 계획을 진행했습니다. 2021년 쿠데타 이후에도 중국은 군부에 송유관과 가스관의 안전을 보장해 달라고 요구하며 군부를 지원했습니다.

둘째, 미얀마와 접한 국경 문제입니다. 국경이 접해 있는 지역은 소수민족과 무장단체가 자주 충돌하는 곳입니다.

미얀마는 동남아시아에서 가장 큰 마약 생산지고, 국경 지역은 밀매의 통로입니다. 중국이 지원하는 무장단체, 미얀마 군대, 소수민족 군대, 민병대 및 마약 조직들은 모두 미얀마 북동부의 영토와 자원을 놓고 싸우고 있습니다. 여기에는 마약 생산과 각종 자원의 불법 거래도 포함됩니다.

중국은 미얀마의 실권을 쥐고 있는 군부와 친밀한 관계를 유지하고 있습니다. 그러나 한편으로 중국은 미얀마의 개혁과 개방 정책을 걱정합니다. 미얀마가 경제를 개방하고 미국 등 서방과 친해지면 중국을 멀리할 수 있기 때문입니다.

중국은 미얀마의 민주주의 물결이 중국인들에게도 영향을 끼칠까 봐 염려합니다. 군부를 지원하는 중국에 대한 반감이 커지면서 시위대가 중국계 공장에 불을 지르는 경우도 많았으니까요. 중국은 미얀마의 민주화운동 소식이 중국에 전파되지 않도록 애쓰고 있습니다.

✴ 토론해 볼까요? ✴

· 미얀마는 왜 소수민족 차별이 심할까요?

인도네시아 수도는 가라앉는 중

"자카르타
서서히 가라앉는다...
2050년 일부 지역은
완전히 잠길 것"

"한국 정부,
인도네시아 수도 이전에
인프라 개발 사업 협력"

강이   인도네시아 수도가 어디게?

별이   나 알아, 자카르타!

강이   지금은 맞아. 그런데 앞으로 수도를 바꾼대.

별이   왜? 혹시 인도네시아에서 산불이 자주 나서 그런 거야? 안전한 곳으로 옮기려고?

산이   그건 아니고, 자카르타가 점점 바닷속으로 가라앉고 있기 때문이래.

별이   저런, 그럼 네덜란드처럼 제방을 쌓으면 되지 않아?

산이   그렇게 간단하지 않을걸. 인도네시아는 섬도 많고 경제적으로 부유한 나라도 아니거든.

강이   수도를 바꾸고 새로운 마음으로 시작하려는 건지도 몰라.

인도네시아는 면적이 대한민국의 19배에 이를 정도로 큰 나라입니다. 1만 8,200개가 넘는 섬이 동서로 약 5,110km, 남북으로 2,000km에 걸쳐 펼쳐져 있죠. 인구도 2억 8,000만 명 가까이 되어서 동남아시아에서 가장 중심이 되는 나라입니다. 환태평양 조산대에 위치해서 지진과 화산 활동도 활발합니다.

향신료의 주요 생산지인 인도네시아는 동양과 서양의 무역이 이루어지는 중심지입니다. 그래서 오래전 인도와 아랍의 상인에 의해 힌두교, 불교, 이슬람교가 전해졌습니다.

인도네시아에는 섬이 너무 많아서 지역마다 민족과 문화가 다양합니다. 다양한 문화가 교차하다 보니 음식 문화도 발달해서 나시고렝이나 미고렝처럼 유명한 요리도 많습니다.

종교는 선택 아니고 필수

인도네시아는 인구의 약 90%가 이슬람교를 믿는 세계에서 무슬림이 가장 많은 나라지만, 이슬람이 국교는 아닙니다. 그러면서도 종교는 의무입니다. 여섯 개 공식 종교(이슬람, 개신교, 가톨릭, 힌두교, 불교, 유교) 중에서 하나를 선택해서 믿어야 하고, 신분증에도 종교를 표시해야 하죠.

인도네시아는 과거부터 중국계 이민자인 화교가 경제를 꽉 쥐고 있습니다. 지금도 인도네시아 대기업 대부분은 화교가 소유한 기업이어서 인도네시아인들은 화교에 대한 감정이 좋지 않은 편입니다. 그래서 유교는 가장 늦은 2003년에 공식 종교로 인정받았습니다. 수하르토가 대통령이던 30년간 중국어 사용을 금지하는 등 화교를 차별하고 억압하는 정책을 펼쳤기 때문이죠.

인도네시아의 지리를 생각하면 다양한 문화를 인정할 수밖에 없습니다. 넓게 펼쳐진 수많은 섬을 통제하면서 하나의 국가로 발전시키기란 쉽지 않습니다. 다양한 종교를 믿는 여러 지역을 하나로 묶고 외국과 교역하려면 다양한 문화를 인정할 필요가 있는 거죠.

인도네시아하면 자바섬이지

인도네시아의 수많은 섬은 원래 하나의 나라로 묶이지 않았습니다. 하지만 1600년대 초 네덜란드가 인도네시아를 점령해 통치하면서부터 상황이 달라졌습니다. 인도네시아에는 수마트라, 자바, 보르네오, 뉴기니라는 네 개의 큰 섬이 있습니다. 자바섬은 고대 왕국부터 번영해 온 인도네시아의 중심 지역입니다.

자바섬에 있는 인도네시아의 수도 자카르타는 네덜란드가 350년간 인도네시아를 식민 지배하는 과정을 거치면서 정치·경제의 중심지로 발달했습니다. 대항해 시대 이후 향신료를 찾던 네덜란드의 동인도회사가 포르투갈과 영국 세력을 몰아내고 향신료 무역을 지배하게 되었죠. 네덜란드가 식민지 거점으로 개발한 곳이 지금의 자카르타입니다.

자바섬에는 약 1억 5,000만 명이 살고 있습니다. 자카르타의 인구는 1,000만 명이 넘어서 서울과 비슷합니다. 도시 주변부 인구까지 합치면 3,000만 명이 넘을 것으로 예상합니다. 열대 기후여서 노숙하며 사는 사람도 많기 때문입니다.

자카르타, 뭐가 문제야?

수도를 옮기는 것은 인도네시아의 오랜 숙제입니다. 초대 대통령 수카르노가 정권을 잡고 있던 1957년부터 수도를 옮기는 계획을 세웠습니다. 2014년에 대통령이 된 조코 위도도는 2019년부터 수도 이전을 추진했습니다. 그리고 2022년 보르네오섬 동부의 누산타라를 새 수도로 정했습니다. 현재 수도인 자카르타를 두고 왜 수도를 옮기려는 걸까요?

첫째, 자카르타에 인구와 경제력이 집중되면서 여러 문제가 나타났습니다. 자카르타는 교통 체증이 매우 심각합니다. 자동차가 걷는 속도로 달릴 정도죠. 대기 오염도 심각합니다. 많은 지역에 하수도가 없어서 무분별하게 버려지는 오물과 쓰레기로 몸살을 앓고 있습니다. 어떻게든 다른 지역을 발전시켜야 인구가 쏠리는 것을 막을 수 있는 상황입니다.

말레이시아

수마트라섬

보르네오섬

누산타라 ★

자카르타 ★

자바섬

● 활화산

환태평양 조산대를 따라 발달한 인도네시아의 화산

둘째, 자카르타는 세계에서 가장 빠르게 바닷속으로 가라앉고 있습니다. 자카르타는 강 13개가 교차하는 늪지대 해안에 있습니다. 지반이 약한 곳에 고층 건물이 늘어나고, 상수도 보급률이 60% 정도여서 지하수를 이용하다 보니 점점 땅이 꺼지는 거죠. 자카르타는 매년 1~15cm씩 가라앉고 있고, 심한 곳은 25cm씩 내려앉습니다. 특히 해안과 가까운 북부는 지하수를 너무 많이 뽑아 써서 3m 가까이 땅이 바닷물에 잠겼습니다.

엎친 데 덮친 격으로 지구온난화로 인해 해수면도 매년 4~6cm 상승하고 있다고 합니다. 해안가에 제방을 쌓아도 소용이 없는 거죠. 자카르타는 도시 면적의 40%가 해수면보다 낮아져서 우기에는 홍수 피해가 심각해지고 있습니다.

더구나 인도네시아는 환태평양 조산대에 위치해서 지진과 화산 활동이 활발합니다. 재해 위험마저 커지고 있어서 안전한 장소를 찾아야 하는 거죠.

왜 수도를 옮기려는 거야?

칼리만탄섬은 보통 말레이어인 '보르네오섬'으로 불립니다. 보르네오섬은 세 나라가 나누어 갖고 있습니다. 섬의 약 70%는 인도네시아 영토고, 섬 북쪽은 말레이시아와 브루나이의 영토입니다. 보르네오섬에는 2,300만 명이 넘게 살고 있습니다. 그중 중부 지역은 울창한 열대우림으로 '숲의 사람'이라는 뜻의 오랑우탄 등 많은 야생 동식물이 살고 있지만, 숲은 점점 줄어들고 있습니다.

위도도 대통령은 동보르네오의 발리파판 지역을 '누산타라'라는 새로운 이름으로 정했습니다. 누산타라는 자바어로 '많은 섬의 나라'란 뜻으로 인도네시아, 말레이시아, 브루나이, 태국 남부에 펼쳐진 열도를 지칭하는 말입니다. 그럼 수도를 보르네오섬으로 옮기려는 이유는 무엇일까요?

첫째, 보르네오섬은 동서로 넓게 펼쳐진 섬나라 인도네시아의 중앙에 위치합니다. 지금도 여러 섬 간의 왕래가 쉽지 않고 자카르타로 모든 것이 집중되면서 자바섬 외에는 낙후되어 있습니다. 보르네오섬이 발전하면 여러 지역이 균형 있게 발전하게 되고, 다른 섬들과 교류가 더 활발해질 것으로 생각하는 거죠.

둘째, 보르네오섬은 수마트라섬, 자바섬으로 이어지는 환태평양 조산대에서 벗어나 있어서 지진과 화산 활동이 활발하지 않은 곳입니다. 주변이 섬으로 둘러싸여 있어서 쓰나미와 같은 해일의 위험에도 안전한 편이죠.

셋째, 보르네오섬은 다양한 종족들이 분리 독립을 하려는 곳입니다. 말레이시아 영토인 섬 북부에 있는 지역도 말레이시아에서 독립하려는 곳입니다. 자카르타를 경제 중심지로 놔두고 누산타라에 행정 기능 중심지인 신도시를 개발해 살기가 좋아지면 분리 독립하려는 여론을 잠재울 수 있겠죠.

넷째, '녹색 수도', 즉 환경친화적인 수도를 만들어서 미래에 대비하겠다는 지역 발전 전략입니다. 누산타라 중심지는 도로와 수도시설이 갖춰져 있고, 주변 지역은 열대우림이 펼쳐져 있습니다. 근처에 첨단산업에 필요한 기반을 만들고 신재생에너지, 석유화학 산업을 성장시킬 예정입니다. 특히 사마린다는 바이오디젤, 태양광 등 신재생에너지 발전시설이 모여 있고 석탄 생산도 많습니다. 발릭파판은 보르네오섬의 중심 항구이며 유전 지대여서 석유화학 기업들이 많습니다. 또한 동부 지역은 쾌청하고 일조량이

인도와 동남아시아

많은 곳이어서 태양광 에너지 산업이 발달하기 좋습니다.

열대림을 파괴하는 팜유 농장

수도 이전으로 신도시가 건설되고 인구가 늘면 어떻게 될까요? 정부는 녹색 수도를 이야기하지만, 보르네오섬은 열대우림뿐만 아니라 주요 자원 생산의 중심지입니다. 환경 파괴를 피하기 어렵습니다. 팜유(야자유) 농장은 더 커지고, 다양한 야생동물과 울창한 열대우림은 사라질 것입니다. 보르네오섬의 원주민들도 거주지를 잃고 더 외진 곳으로 이주하게 되겠죠.

인도네시아의 울창한 열대림은 이미 펄프와 팜유 생산으로 파괴되고 있습니다. 화장품, 제약, 과자, 라면, 세제, 바이오디젤 등에 널리 사용되는 팜유는 말레이시아와 인도네시아에서 전 세계 소비량의 85%를 생산합니다. 특히 인도네시아는 세계 팜유 생산의 절반을 담당합니다.

수마트라섬, 보르네오섬 등에서 열대림이 불타 없어지고 팜유 농장이 늘어나고 있습니다. 숲이 불타면서 발생한 대량의 연기 때문에 주변 나라들과 갈등도 심해지고 있습니다. 막대한 이산화탄소 때문에 지구온난화가 빨라지고, 야생 동식물의 서식지가 사라지고, 숲에 의존해 사는 원주민들이 피해를 보고 있죠. 살길이 막막해진 이들은 팜유 농장의 노동자가 되어 하루 1~2톤의 수확량을 채웁니다. 심지어는 아이들까지도 힘든 노동에 시달리고 있죠.

유럽연합도 환경 파괴를 막기 위해 2030년까지 점차 팜유를 사용하지 않기로 선언했습니다. 팜유를 대체할 식물성 기름을 생산하려면 10배 더 많은 토지가 필요하다고 합니다. 그래서 전문가들은 팜유 생산을 금지하기보다는 기업들이 책임감 있게 사업하도록 만들어야 한다고 주장합니다. 숲을 무분별하게 훼손하지 않으면서 팜유를 친환경적으로 생산해야 한다는 거죠.

열대림 파괴는 남일이 아니야

인도네시아 열대림 파괴는 먼 나라 일일까요? 우리나라도 인도네시아에서 팜유와 펄프를 많이 수입하고, 우리 기업이 인도네시아에 팜유 생산시설까지 만들었으니 남의 일이 아닙니다.

인도네시아는 아직 경제적으로 뒤처진 개발도상국이지만 첨단산업에 꼭 필요한 희토류 등의 자원이 많습니다. 그렇기에 인도네시아는 자동차, 배터리와 같은 미래 산업의 핵심이 될 산업을 키워서 강국이 되겠다는 꿈을 꾸고 있습니다. 우리나라도 동남아시아에서 가장 거대한 인도네시아 시장을 확보하기 위해 투자를 늘리고 있습니다.

인도네시아 열대림 파괴는 우리나라에도 책임이 있습니다. 수도 이전 사업은 우리나라의 세종시 스마트시티를 모델로 진행하는 만큼 지혜를 모아야 할 기회이자 도전입니다. 열대림을 비롯한 자연을 지키고 관리하는 녹색 수도를 만드는 어려운 일을 해야 하는 만큼 많은 노력이 필요합니다.

✸ 토론해 볼까요? ✸

· 인도네시아가 수도를 옮기려는 이유는 무엇일까요?

북극해

알래스카
(미국)

그린란드

캐나다

북극해

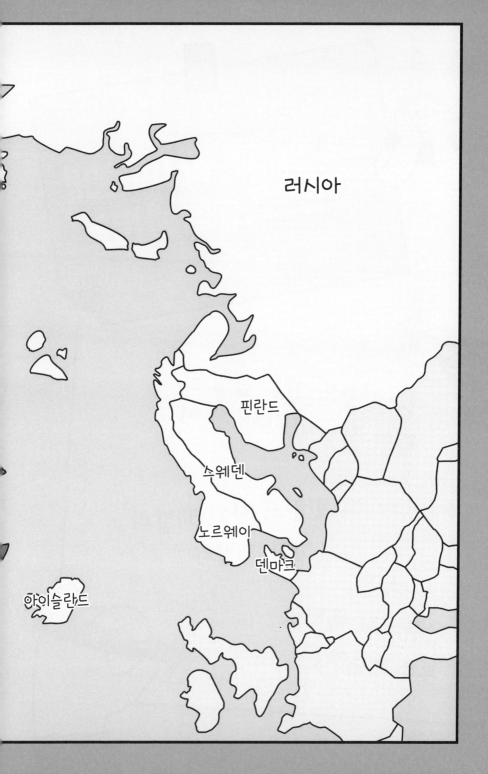

강대국들은 뭐 때문에 그린란드를 탐낼까?

"그린란드 기온 급상승, 빙하 정상에 사상 첫 비"

"그린란드 자원 개발의 빛과 그림자"

"누가 그린란드의 독립을 부추기는가?"

강이 세계에서 가장 큰 섬이 어딘지 알아?

별이 호주 아니야? 아 참, 호주는 대륙이지. 그럼 마다가스카르?

강이 북극 가까이에 있는 그린란드야.

별이 북극이면 얼음에 덮여 있을 텐데, 왜 이름이 초록땅(그린란드, Greenland)이야?

산이 중세 온난기에는 초원이 제법 있었나 봐. 이제 빙하가 녹고 있으니까 앞으로 진짜 초록땅으로 바뀔지도 몰라.

강이 미국의 트럼프 대통령이 그린란드를 팔라고 했다며?

산이 그린란드에 자원이 엄청 많대.

강이 그런데 그린란드 빙하만 다 녹아도 해수면이 6~7m 높아진다던데.

별이 어떡하냐. 그럼 물에 잠기는 나라들 많겠네.

러시아를 제외하고 유럽에서 가장 땅이 넓은 나라는 어디일까요? 바로 덴마크입니다. 덴마크 본토는 작지만, 그린란드가 덴마크 땅이기 때문이죠. 그린란드의 면적은 우리나라의 20배가 넘고, 호주의 3분의 1 정도입니다. 지리적으로 그린란드보다 크면 대륙으로 분류하기 때문에 그린란드는 세계에서 가장 큰 섬이죠.

2019년 미국의 트럼프 대통령이 덴마크에 그린란드를 팔라고 제안했지만 바로 거절당했습니다. 사실 미국은 이전에도 여러 번 그린란드를 사려고 했죠. 과거에도 영토를 사고파는 일이 많았으니까요. 미국은 1867년 러시아제국으로부터 알래스카를 단돈 720만 달러(약 85억 원)에 샀고, 그린란드와 아이슬란드도 사려고 했지만 의회가 반대해 진행하지 못했습니다.

그린란드는 제2차 세계대전 때 미국 보호령이 된 적도 있습니다. 전쟁이 끝난 뒤인 1946년에 해리 트루먼 대통령이 1억 달러(약 1,200억 원)에 그린란드를 사겠다고 했지만 덴마크는 받아들이지 않았죠. 미국은 왜 그렇게 그린란드를 차지하고 싶어 할까요?

북극에 고립된 땅

그린란드는 캐나다 북동부에 있지만 오랫동안 북유럽 문화의 영향을 받으면서 덴마크의 자치령이 되었습니다. 그린란드 대부분은 북극권 안에 있어서 여름철에는 밤에도 해가 지지 않는 백야 현상이 나타납니다. 겨울에는 낮에도 해가 지지 않는 극야 현상이 나타나고, 영하 40도를 밑도는 매서운 추위가 몰아치죠. 국토의 약 85%가 두꺼운 얼음으로 덮여 있어서 마을은 해안가에만

대부분이 빙하로 덮여 있는 그린란드

있습니다.

해안 일부 지역에는 툰드라 기후가 나타납니다. 나무는 잘 자라지 않지만 기온이 0도 이상이 되는 6월에서 8월 사이에는 얼음이 녹고 초록 풀밭이 펼쳐집니다. 따뜻한 지역도 한여름의 평균기온이 10도 미만입니다. 그나마 온화한 남서부 해안 한 곳에 침엽수림이 있습니다. 빙하가 녹은 깨끗한 물을 수돗물로 이용하고, 이 물로 콜라와 맥주까지 만들어 먹습니다. 주민들은 주말이나 여름이면 낚시를 하거나 순록 사냥을 하기도 합니다.

그린란드의 수도인 누크(고트호프), 나르삭 같은 남부 도시에는 자동차와 쇼핑센터가 있어서 현대적인 생활이 가능합니다. 하지만 북쪽으로 가면 아직도 카약을 타고 바다에 나가고, 개썰매를 타고, 북극곰이나 바다표범, 고래 등을 사냥하며 살아갑니다.

국토는 대부분 얼음에 덮여 있어서 육지로 다니는 길이 없습니다. 다른 마을로 가려면 가까운 곳은 작은 배나 헬리콥터, 먼 곳은 비행기로 이동하죠. 국내 항공료가 해외여행 비용만큼 비쌉니다. 전체 인구는 6만 명도 안 됩니다. 원주민인 이누이트는 소수고, 이누이트와 유럽인의 혼혈인 그린란드인이 전체의 약 90%를 차지합니다. 주로 덴마크인인 유럽계 주민은 10%가 조금 넘습니다.

이누이트의 땅에서 유럽 식민지로

그린란드에는 오래전부터 이누이트족만 살았는데, 어느 날 유럽의 바이킹이 들어왔습니다. 중세 온난기(10~14세기)에는 지금보다 기온이 높아서 바이킹들이 북해를 넘어 북서쪽 바다까지 항해했습니다. 982년 노르웨이 바이킹인 에이리크 라우디가 이곳에 상륙해서 '그린란드'라고 불렀습니다. '붉은 머리 에이리크'라는 별명으로 불린 이 사람은 아이슬란드에 사는 가난한 바이킹들을 대상으로 이민자를 모집하려고 얼음뿐인 섬에 멋진 이름을 붙인 거죠. 당시 그린란드는 지금보다 기온이 높아서 소와 양을 키울 초지가 약간 있었다고 합니다.

985년부터 바이킹의 이주가 시작되었고, 한때는 수천 명이 살았습니다. 그러다가 15세기 중반에 바이킹이 모두 사라졌습니다. 소빙기로 바뀌면서 추워졌기 때문이죠. 최근 연구로는 가뭄으로 목축이 불가능해졌기 때문이라는 이야기도 있습니다.

바이킹이 사라지고 이누이트만 남게 되면서 약 300년 동안 유럽인에게 그린란드는 잊혀졌습니다. 16~17세기에 북서항로를 찾던 탐험가들이 다시 그린란드를 발견하고, 고래잡이 어부들도 이누이트를 만납니다. 18세기 초 그린란드의 거주지가 덴마크에 의해 다시 개척되면서 덴마크인들이 들어왔고, 1814년 정식으로 덴마크 영토가 되었습니다. 그리고 1953년 식민지였던 그린란드는 덴마크의 한 주로 승격되어 그린란드주가 되었습니다. 이때부터 그린란드인들은 덴마크 시민권을 취득하지만, 오랫동안 정치·경제적으로 소외되었기 때문에 독립을 원하게 됩니다.

1973년 그린란드는 유럽연합 이전에 있던 유럽경제공동체 (EEC)에 가입하지만, 어업 규제와 물개 가죽 제품 금지에 반발 해 1985년에 탈퇴하면서 덴마크와 다른 길을 걷습니다. 마침내 1979년 그린란드는 자치권을 획득합니다. 국민투표로 2009년 부터는 국방과 외교, 통화 정책을 제외하면 지하자원 사용 권리 와 사법권 등 대부분의 권리를 갖게 되면서 독립국가에 가까워졌 습니다.

빙하가 녹으면 오히려 좋아?

그린란드는 유럽 대륙의 관심에서 먼 곳이었고, 그린란드는 덴마 크의 지배를 달가워하지 않습니다. 덴마크와 달리 그린란드는 유 럽연합 회원국도 아닙니다. 덴마크는 그린란드 주민들을 달래기 위해 그린란드 정부 예산의 약 60%를 지원하고 있습니다. 덴마 크의 보조금이 없으면 독립해 살기 어려운 거죠. 앞으로 천연자원 수출로 경제력이 커지면 그린란드는 완전히 독립할 계획입니다.

그린란드는 해안가 일부를 제외하면 내륙은 빙하로 덮여 있어 개발되지 않았습니다. 하지만 지구온난화로 점점 빙하가 녹으면

북극해

서 빙하 아래 있던 지하자원이 더 많이 발견되고 있죠. 이 때문에 그린란드에서는 자원을 개발해 독립하자는 여론이 높아졌습니다. 이미 그린란드에는 전 세계 원유 매장량의 13%, 천연가스의 30%가 매장되어 있고, 철광석, 석탄, 에메랄드, 니켈 등 우리에게 알려진 대부분의 지하자원이 가득합니다. 요즘 주목받는 우라늄도 풍부하고, 첨단산업에 꼭 필요한 희토류도 중국보다 수십 배 많습니다. 미래에 그린란드의 자원을 확보한다면 세계 패권을 쥘 수 있기 때문에 중국, 미국, 러시아뿐 아니라 주요 나라들도 그린란드에 주목하고 있습니다.

자원 개발도 쉽지 않아

여전히 그린란드에서 자원 개발은 쉽지 않습니다. 그 이유는 무엇일까요? 도로망이 없고 얼어붙은 땅과 혹독한 추위 때문에 개발이 어렵습니다. 또한 인구가 적은 데다 고령화로 인해 노동력이 턱없이 부족합니다. 더 심각한 문제는 외국인이 그린란드인보다 더 많아질 수 있다는 것입니다. 대규모 광산을 건설하려면 중국인 노동자 수천 명이 들어올 수 있습니다. 1,000명만 들어와도 한 지역을 장악하게 됩니다. 6,000명이 들어오면 전체 인구의 10%가 넘습니다. 대규모 개발로 몇만 명에서 몇십만 명의 전문가와 외국인 노동자 들이 밀려들어 오면 그린란드가 이전과 다른 나라로 변할 수 있다는 두려움이 있습니다.

지구온난화와 환경오염 탓에 사냥과 어업으로 생활하는 삶의 터전이 파괴될 수도 있습니다. 석유 유출로 해양 생태계가 훼손될 가능성도 높습니다. 우라늄과 희토류의 경우, 자원을 정제하는 과정에서 방사능과 각종 독성 물질이 배출될 수 있죠. 중국이 세계 희토류 시장을 꽉 쥐고 있는 가장 중요한 이유도 채굴 과정에서 발생하는 오염이 심각하기 때문입니다. 환경 규제가 심한 선진국에서는 개발하기 어려운 겁니다.

개발과 환경, 무엇을 선택할까?

그린란드 주민들은 대체로 독립을 원하지만 자원 개발에 대해서는 찬성과 반대가 갈립니다. 찬성파 중에는 지구온난화가 온실가스 때문이 아니라 500년마다 반복되는 자연현상 때문이라고 해석하는 사람들이 있습니다. 이들은 바이킹이 정착했던 온난기와 그린란드를 떠났던 소빙기를 거쳐 지금 다시 온난기가 왔다고 주장합니다. 이들은 또 일자리를 만들고 지속적으로 수익을 거두려면 자원을 개발해야 한다고 강조합니다. 그린란드는 지난 50년 동안 석유 및 가스 탐사를 허가했고, 2013년에는 그동안 환경 파괴가 심한 우라늄과 희토류 채굴을 금지한 법을 폐지했습니다.

한편 개발에 반대하는 사람들은 광물 자원을 외국 기업이 빼내간다고 생각합니다. 이들은 자원을 남겨 두어 독립 이후 경제 발전에 써야 한다고 주장하죠. 결국 2021년 총선 때 남부 나르삭에서 가까운 희토류 광산 개발을 놓고 두 세력이 충돌했습니다. 수도 누크 등 남부 지역에 방사능과 기타 오염 물질이 피해를 줄 수 있다는 주민들의 반대가 거셌습니다. 해당 광산을 소유한 호주 기업에 중국 자본이 들어간 것도 영향을 주었습니다. 독립을 지지하지는 않지만 외국이 개발을 주도하는 것을 꺼리는 중도층마저 개발 반대파를 지지하게 되었죠. 개발을 찬성하는 여당과 개발 과정에서 발생하는 오염 문제로 반대하는 야당의 대결은 야당의 승리로 끝났습니다.

그린란드 정부는 2021년 그린란드 바다에서의 석유 및 천연가스 탐사 허가를 중단했습니다. 다국적 기업들의 자원 개발이 주민들의 삶의 질을 낮추고 건강과 환경을 위협한다는 이유에서였죠. 주력 산업인 어업과 관광산업을 망치는 개발, 특히 희토류와 우라늄 개발을 반대했습니다. 그린란드는 필요한 에너지의 70%를 빙하가 녹는 물을 이용한 수력발전 등 재생에너지로 생산하고 있습니다. 정부는 앞으로 기후위기에 대응해 석유와 가스가 아닌 수력발전에 더 집중하겠다는 입장을 발표했습니다.

자원은 축복일까, 저주일까?

그린란드는 미국, 러시아, 유럽, 중국 등 강대국들이 차지하고 싶어 하는 위치에 있습니다.

미국은 1950년대 이후 소련과 대결하던 냉전 시대에 덴마크와 공동방위협정을 맺었고, 1953년 북서부에 있는 툴레에 공군 기지를 설치했습니다. 지금도 툴레에는 미사일 레이더를 비롯해 미국의 중요한 군사시설이 있습니다. 지구온난화로 북극 개발이 활발해질수록 그린란드는 더 중요해집니다. 알래스카와 그린란드를 잇는 거대한 북극권을 개발하고 러시아를 북극에서 포위할 수 있으니까요.

러시아와 중국은 그린란드가 독립하길 기대합니다. 그렇게 되면 미국과 덴마크의 안보 협력이 없어지면서 툴레의 미군 공군 기지도 철수할 가능성이 커집니다. 미국과 멀어진 그린란드를 자기편으로 끌어들이면 북극권의 자원 개발, 항로, 군사력까지 압도적으로 지배할 수 있다는 거죠.

북극해의 빙하가 녹아서 뱃길이 뚫리면 그린란드는 중요한 항구가 될 것입니다. 더구나 엄청난 자원이 묻혀 있어서 개발 가능성도 아주 높습니다. 중국은 이미 여러 광산에 투자하면서 자원 개발에 참여하고 있습니다. 중국은 계속해서 공항과 같은 군사 거점이 될 만한 시설을 지으려 했지만 미국의 견제로 뜻을 이루지는 못했습니다.

그린란드는 덴마크로부터 독립을 하고 싶어 합니다. 하지만 미국과 러시아, 중국의 북극 분쟁에 휩쓸릴까 걱정이 많습니다. 지구온난화로 그린란드는 새롭게 자원 부국으로 떠오르고 있습니다. 자원 개발은 그린란드의 미래를 밝히는 빛일까요? 아니면 지구 환경을 망치고 강대국의 세력 다툼 속으로 이끄는 저주일까요?

✹ 토론해 볼까요? ✹

· 세계 여러 나라와 기업들은 왜 그린란드에 관심을 갖고 투자할까요?

· 그린란드는 경제 발전을 위해 자원을 개발하는 게 좋을까요?

지구온난화가 북극항로를 열었어

"빙하가 녹으면서
북극항로가 열리고 있다"

"북극항로로
유럽 열흘 빨리 갈 수 있다"

"러시아
원유와 가스 수출에
북극항로 이용 확대"

강이 북극의 빙하가 녹아서 배가 다닐 거라는데, 얼음이 녹으면 땅이 드러나는거 아니야?

산이 남극은 대륙이지만, 북극은 얼어붙은 바다여서 빙하가 녹으면 배가 다닐 수 있어.

별이 북극의 빙하 위에는 펭귄도 살잖아.

강이 펭귄은 남극이지! 북극에는 북극곰이 살고.

산이 요즘에는 빙하가 녹아서 육지에서만 사는 북극곰도 늘었다더라.

강이 북극에는 지하자원도 많다던데.

산이 그래서 여러 나라가 북극 개발에 관심이 많지. 특히 러시아.

별이 북극 바다가 녹으면 우리나라에서 북극까지 배 타고 여행 갈 수도 있겠다!

북극과 남극은 마찬가지로 극지방이지만 다른 점이 있습니다. 남극은 대륙이지만 북극은 바다입니다. 남극은 한반도의 60배 크기인 대륙 위에 수천 미터 두께의 빙하가 덮여 있습니다. 반면에 북극은 바닷물이 얼어붙어서 거대한 빙하가 바다에 떠 있죠. 전 세계 얼음의 90%가 남극에 있고, 그다음으로 얼음이 많은 곳이 북극 주변의 그린란드입니다.

남극은 북극보다 더 춥고 1년 내내 얼음에 뒤덮여 있어서 사람이 살지 않던 곳입니다. 지금도 일부 지역에 여러 나라의 과학 연구소만 있습니다. 1959년 세계의 많은 나라가 협의한 남극조약으로 남극은 누구도 영유권을 주장할 수 없고 과학적 탐사만 가능한 땅이 되었습니다.

북극 주변 땅에서는 오래전부터 이누이트와 같은 원주민들이 순록을 키우거나 사냥을 하며 살아왔습니다. 수백 년 전부터 여러 나라가 북극해에서 어업을 해왔고, 20세기에는 자원 개발도 시작되면서 북극의 바다를 더 많이 차지하려는 나라들의 경쟁이 치열하게 펼쳐지고 있습니다.

북극해는 어떤 바다야?

유라시아와 북아메리카 대륙으로 둘러싸인 바다가 북극해입니다. 북극해는 지구 기온을 내려 주는 역할을 합니다. 적도에서 데워진 따뜻한 해류가 북극 지방으로 올라오고, 북극의 차가운 해류는 적도 방향으로 내려갑니다. 이러한 지구의 열교환을 통해 극단적인 추위나 더위를 막을 수 있습니다. 북극의 기온이 올라 빙하가 빠르게 녹아내리게 되면 폭염과 이상 한파, 집중호우와 같은 이상 기후가 지구 곳곳에서 나타나게 됩니다.

북극해를 사이에 두고 대륙들이 가까이 있기 때문에 북극은 항공 교통로로 널리 이용되고 있습니다. 한편 폭격기와 미사일이 북극을 통과해서 날아가면 미국과 러시아를 가장 가깝게 공격할 수 있죠. 그래서 미국과 소련이 대결하던 냉전 시대부터 북극에 미사일 레이더 기지 등 군사시설을 설치해 서로 감시해 왔습니다.

최근 북극 주변의 자원 개발이 활발해지면서 러시아는 군사력을 늘려 가고 있습니다. 수십 척의 쇄빙선(얼음을 깨며 나아가는 배)으로 북극해 주변을 장악하고 있죠. 미국도 뒤늦게 쇄빙선을 늘리려고 준비하고 있습니다. 하지만 미국과 러시아의 가장 무서운 주력 부대는 북극 바닷속을 자유롭게 다니는 핵잠수함입니다.

북극은 지하자원과 수산자원이 가득한 보물 창고입니다. 미국 지질조사국에 따르면 북극해에는 전 세계 석유의 13%, 천연가스의 30%, 가스 하이드레이트의 20%가 매장되어 있다고 합니다. 석유와 천연가스 가격이 상승할수록 개발 가능성이 높아지고 있습니다. 또한 지구온난화로 바닷물의 온도가 올라가다 보니 저위도의 물고기들이 북극해 어장으로 계속 이동하고 있습니다. 2050년이면 북극해가 세계 최대의 어장이 될 것으로 예상하고 있습니다.

도전! 북극항로 개척

빙하로 덮여 있는 북극은 여름이 가까워지면 얼음이 녹아 항로가 생깁니다. 북극을 지나는 이러한 항로를 북극항로라고 합니다. 북극항로는 크게 두 방향이 있습니다. 유럽에서 러시아 북쪽 해안을 따라 동쪽으로 가는 '북동항로', 캐나다 북쪽 해안을 따라가는 '북서항로'입니다.

1682년부터 1721년까지 러시아를 통치한 표트르 1세는 덴마크의 탐험가 비투스 베링에게 아시아 대륙 끝까지 탐험하게 합니다. 그 결과 1728년 아시아와 북아메리카 대륙 사이에 있는 베링 해협을 찾습니다. 이때부터 북극해와 태평양이 연결된다는 것을 모두가 알게 되었습니다.

1878년 스웨덴의 지리학자 닐스 노르덴시월이 이끄는 탐험대가 1년에 걸쳐 러시아 북쪽 해안을 따라 북동항로를 무사히 통과했습니다. 그의 탐험대는 베링해를 넘어 일본, 홍콩, 싱가포르, 수에즈운하를 거쳐 스웨덴으로 돌아왔습니다. 영국은 캐나다 북쪽을 따라가는 북서항로를 개척하려 여러 차례 도전했지만 계속 실패했습니다. 결국 1911년 남극점 탐험으로 유명한 노르웨이의 탐험가 로알 아문센이 1906년 북서항로를 어렵게 개척했습니다.

북극의 빙하가 녹으면서 열린 북극항로와 기존의 남방항로

너도 나도 북극 탐사 경쟁

북극이 녹기 시작하면서 북극 주변 나라들은 세계적으로 풍부한 어장과 석유와 천연가스 등의 자원에 눈독을 들이게 됩니다. 북극해와 닿아 있는 여덟 나라는 북극권의 환경보호를 위한 정책을 논의하기 위해서 1996년 북극이사회를 결성했습니다. 북극이사회에는 러시아, 캐나다, 미국, 덴마크, 노르웨이, 아이슬란드, 스웨덴, 핀란드 등이 있고, 그 외 원주민 단체 6개가 있습니다.

북극 개발에 참여하고 싶은 여러 나라도 회의에 출석해 발언 기회를 얻는 옵서버 가입을 신청했습니다. 옵서버 국가 되어 북극 연안국과 협력하면 여러 사업에 참여할 수 있습니다. 한국도 노르웨이 땅인 스발바르제도에 다산기지를 지어 과학 연구를 하고 있고, 2009년에는 우리나라 최초의 쇄빙선인 아라온호를 투입했습니다. 2013년에는 정식 옵서버 국가가 되었습니다.

북극항로에도 문제점이 있어

새로운 항로와 자원 개발 가능성을 열어 준 북극항로에도 문제점은 있습니다. 첫째, 북극항로는 국제법상 어느 나라에도 속하지 않는 공해여서 누구나 자유롭게 지날 수 있습니다. 예외는 있습니다. 북동항로에서는 러시아, 북서항로에서는 캐나다가 요구하는 제약 사항들을 받아들여야 합니다.

러시아는 북극해의 절반에 가까운 지역을 차지하고 있습니다. 북극해가 얼어 있을 때는 안전하지만 열린 바다가 되면 외부의 공격을 받을 수 있죠. 그래서 러시아는 일찍부터 북극에 관심을 기울여 왔습니다. 1978년부터 두 척의 쇄빙선으로 정기적인 화물 운송을 시작하며 북극항로 개발을 준비했습니다. 러시아는 2018년 북극 관할 수역에서 에너지 자원을 수송할 때 자국에서 만든 선박에 독점적 운항권을 주는 법안을 만들었습니다.

둘째, 북극항로는 수심이 얕은 지역이 많아서 큰 배가 다니기 힘듭니다. 러시아는 2035년까지 경량 원자력 선박을 만들 계획입니다. 셋째, 화물선이 뿜는 열기와 그을음으로 빙하가 더 빨리 녹고 오염되는 것도 문제입니다. 또한 자원 개발과 기름 유출 사고로 환경이 오염되면 해결하기가 어렵습니다.

넷째, 얼음이 어느 정도 녹아야 항해할 수 있기 때문에 아무 때나 화물선을 운행하기가 어렵습니다. 현재는 1년에 5~7개월 정도만 항로를 이용할 수 있습니다. 겨울철에는 러시아 동부에 3m 두께의 빙하가 길을 막아서 쇄빙선이 꼭 있어야 합니다. 떠다니는 빙하에 부딪히는 것에 대비하기 위해 화물선 앞에서 쇄빙선이 달려야 하기 때문이죠. 러시아는 원자력으로 움직이는 쇄빙선들을 운영하고 있고, 앞으로 더 늘려 갈 예정입니다.

선박을 빌리는 비용은 높을 수밖에 없죠. 북극해는 혹독한 추위와 악천후로 위험한 바다여서 선박 보험료도 무척 비쌉니다. 이런저런 이유로 아직은 수에즈운하를 통과하는 남방항로보다 경제적 이득이 별로 없습니다. 현재 러시아는 중간에 배를 대거나 대피할 항만시설을 북극해 주변에 만들고 있습니다.

아직 준비할 것이 많지만 북극항로 시대는 멀지 않았습니다. 북극항로를 1년 내내 운영할 수 있는 시기를 2045년으로 예상했지만, 지구온난화의 속도가 빨라지면서 러시아는 2025년이면 가능하다는 전망을 내놓았습니다.

북극항로가 열리면 뭐가 좋아?

세계 화물의 90% 이상은 선박으로 이동합니다. 북극해를 지나는 항로가 뚫리면 수에즈운하보다 옮길 수 있는 물류 양이 많아질 수도 있습니다. 이러한 북극항로의 장점은 무엇일까요?

첫째, 북극해 주변의 풍부한 자원이 북극항로를 통해 수송될 것입니다. 북극항로의 중요성이 커질 수밖에 없습니다.

둘째, 해적이 없습니다. 세계적인 항로에는 해적이 많습니다. 우리나라도 소말리야 해적을 막기 위해 아덴만에 전함을 배치했죠. 큰 선박에는 경비대원이 탑승하기도 합니다. 선박과 선원이 납치되면 구출하기가 힘든 경우도 많으니까요. 그러나 북극해 주변은 해적이 자리 잡을 만한 장소가 없고, 강대국들로 둘러싸여 있어서 해적이 활약하지 못합니다.

셋째, 북극항로는 기존 항로보다 거리가 짧아서 비용이 저렴하고, 탄소 배출량도 줄어드는 효과가 있습니다. 우리나라에서 수에즈운하를 통과해 네덜란드까지 가는 거리가 약 2만km지만 북극해를 이용하면 1만 5,000km로 줄어듭니다. 이동 시간도 10일이나 줄고 비용도 적게 듭니다. 북동항로가 완전히 뚫리고 활발하게 이용되면 운송 시간은 더 단축될 것입니다. 러시아 서쪽의 야말반도 등에서 생산된 천연가스를 북동항로를 이용해 옮기면 그 기간이 절반으로 줄어들 겁니다. 러시아는 앞으로 북극항로를 통해 아시아와 아프리카 시장으로 자원 수출을 늘릴 것입니다.

러시아, 북극을 위해 중국과 협력할게

러시아와 캐나다는 북극의 혹독한 기후에 대처할 군사력이 있습니다. 그에 비하면 미국은 대형 쇄빙선 한 척과 중형 쇄빙선 한 척뿐입니다. 중국과 일본이 두 척, 한국은 한 척이 있습니다. 캐나다는 15척의 쇄빙선이 있고, 러시아는 약 50척의 쇄빙선과 핵 추진 쇄빙선도 여섯 척 있습니다. 특히 러시아는 군사력을 현대화하고 북극에 더 많은 병력을 보내고 있습니다.

러시아의 푸틴 대통령은 낙후된 극동 시베리아 지역을 발전시킬 방법으로 북극항로 개발을 꾸준히 진행해 왔습니다. 러시아는 2030년대까지 1년 내내 항해할 수 있는 북동항로를 개발하는 목표를 세웠습니다. 2035년까지는 국제적인 해상 화물 환적지(다른 운송수단으로 옮겨 싣는 지역)를 만들 계획입니다. 러시아에는 북극으로 흘러가는 큰 강이 많습니다. 이 강들을 이용해 내륙의 자원을 개발해서 북극해 항구로 화물을 나르고, 주변 지역을 연결하는 도로와 철도망도 조성하고 있습니다.

러시아 입장에서 북극해의 결정적인 약점은 무엇일까요? 북극해를 지나 베링해와 대서양으로 통과하려면 미국과 유럽 나라들을 지나가야 합니다. 분쟁이 커지면 미국과 미국의 동맹국에 의해 항로가 차단될 위험이 있는 거죠. 그런 면에서 북극 개발은 여러 나라와 함께 평화롭게 진행하는 것이 가장 유리합니다. 2022년 러시아가 우크라이나를 공격하기 이전에는 그렇게 진행해 왔죠.

하지만 러시아는 우크라이나 침공으로 오랫동안 준비한 북극 개발이 뒷걸음치게 되었습니다. 유럽, 미국, 일본 등 외국의 자본 투자와 기술 협력이 어려워졌기 때문입니다. 러시아는 중국이 북극까지 손을 뻗는 것을 원하지 않지만, 중국과 협력할 수밖에 없게 되었죠. 앞으로 중국 자본이 더 많이 투자될 것으로 보입니다.

북극은 멀지만 욕심 나!
중국과 일본의 전략

중국은 북극과 먼 나라지만, 북극에 가깝다고 주장하며 북극 개발에 적극적입니다. 1997년 국제북극과학위원회에 가입하고, 1999년에 북극해 탐사를 시작했습니다. 2004년에는 노르웨이 스발바르제도에 연구 기지를 세웠습니다. 2008년부터는 쇄빙선을 운항하며 북극해를 탐사하고 있죠. 특히 러시아의 야말 프로젝트에 참여해 대규모 천연가스 개발에 투자하고 있습니다.

중국은 미국이 장악한 항로를 대신할 새로운 길을 추가로 확보하고 싶어 합니다. 그래서 중국은 북극항로를 '빙상 실크로드'로 부르며 북극해의 풍부한 자원 개발에 참여하고 있습니다. 미래에도 에너지와 자원 패권을 유지할 수 있다고 생각해서죠.

일본은 1990년대 초부터 북극과 새로운 항로의 가능성 등을 연구해 왔습니다. 우리나라와 함께 2013년부터 북극이사회 옵서버 국가로 참여하고 있기도 합니다. 연구용 쇄빙선을 추가로 만들고, 위성 정보를 통해 얼음의 분포를 파악하고 최적의 항로를 안내하는 역할을 하고 있습니다.

부산항은 세계적 항구가 될까?

북극항로가 열리는 것은 북극 기온이 상승하기 때문입니다. 지구 환경에 큰 피해를 줄 수밖에 없는 변화입니다. 기후변화는 불행한 일이지만 새로운 항로에 대비해야 합니다. 새로운 항로는 국가의 운명을 바꿔 왔습니다. 북극 시대를 앞서려는 국제적 경쟁은 더욱 치열해지고 있습니다. 한국, 중국, 일본은 북극항로의 중심 항구를 차지하기 위해 이미 경쟁에 들어갔습니다.

동북아시아에서 유럽으로 가는 화물을 처리하면서 홍콩과 싱가포르는 급성장했습니다. 북극항로가 개통되면 우리나라는 바다로 이동하는 물자 양이 증가하고, 부산항이 북극항로의 출발지가 될 수 있습니다. 2018년에는 북극항로를 통과하는 첫 컨테이너 선박이 부산항에서 출발했습니다.

부산항은 북극항로에서 가장 짧은 항로에 위치합니다. 또 세계에서 가장 많은 양의 물자를 옮기는 중국과 일본의 중간에 있습니다. 부산항은 싱가포르처럼 컨테이너에 담긴 화물을 내리고 다른 화물을 싣는 환적항으로서 지리적 위치도 뛰어납니다. 중국 항만처럼 안개와 같은 기상 문제가 거의 없고, 일본처럼 지진이나 쓰나미 같은 심각한 자연재해도 없습니다. 이미 부산에는 수십 개 다국적 기업의 물류 기지가 있습니다. 선박에 필요한 종합 서비스를 제공하는 항구로 성장할 가능성이 충분한 거죠.

아직은 결빙과 환경오염에 대한 걱정이나 러시아와의 관계 등으로 우리나라 선박의 북극항로 이용은 저조합니다. 하지만 북극항로는 우리나라의 미래와 닿아 있습니다. 우리나라도 북극 개발 사업에 참여하는 방법을 찾고 북극항로를 항해하는 경험을 더 많이 쌓아 가면서 다가올 북극 시대를 대비해야 합니다.

★ 토론해 볼까요? ★

- 우리나라는 미래를 위해 러시아와 어떤 관계를 유지해야 할까요?
- 북극해의 환경오염을 감수하고 북극항로를 이용하는 게 좋을까요?

다른 포스트

뉴스레터 구독

지리 모르고 뉴스 볼 수 있어?

지도로 가뿐하게 세상 읽기

초판 1쇄	2022년 11월 29일
초판 3쇄	2024년 7월 16일

지은이	옥성일

펴낸이	김한청
기획편집	원경은 차언조 양선화 양희우 유자영
마케팅	정원식 이진범
디자인	이성아
운영	설채린

펴낸곳 도서출판 다른
출판등록 2004년 9월 2일 제2013-000194호
주소 서울시 마포구 동교로 27길 3-10 희경빌딩 4층
전화 02-3143-6478 **팩스** 02-3143-6479 **이메일** khc15968@hanmail.net
블로그 blog.naver.com/darun_pub **인스타그램** @darunpublishers

ISBN 979-11-5633-516-0 43980

다른 생각이
다른 세상을 만듭니다